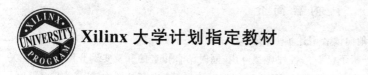
Xilinx 大学计划指定教材

零存整取 NetFPGA 开发指南

陆佳华　杨卫　周剑　张克农　编著

北京航空航天大学出版社

内 容 简 介

本书以通俗易懂的语言，由浅入深地向读者阐述了 NetFPGA 的安装、开发，剖析了 NetFPGA 的参考路由器的逻辑、驱动以及上层软件设计，分析了已有的各种典型应用，同时结合作者的开发实例介绍了如何在此平台上开发用户设计以及注意事项。本书在阐述 NetFPGA 开发的同时，更侧重于介绍在 FPGA 上进行以太网相关逻辑开发的方法与设计思路；同时也阐述了板卡如何与主机系统交互、如何开发驱动等整个设计流程。因此本书虽然是基于 NetFPGA 平台，但是其中的源代码与设计思路同样适用于 Xilinx 其他 FPGA 平台。

本书可作为 NetFPGA 初学者、FPGA 上网络相关硬件开发人员的参考书，亦可作为大专院校从事 FPGA 网络硬件加速研究方向的相关教师和研究生的参考书。

图书在版编目(CIP)数据

零存整取 NetFPGA 开发指南 / 陆佳华等编著. -- 北京：北京航空航天大学出版社，2010.6
ISBN 978-7-5124-0107-5

Ⅰ.①零… Ⅱ.①陆… Ⅲ.①可编程序逻辑器件－系统设计－指南 Ⅳ.①TP332.1-62

中国版本图书馆 CIP 数据核字(2010)第 094850 号

版权所有，侵权必究。

零存整取 NetFPGA 开发指南

陆佳华　杨卫　周剑　张克农　编著

责任编辑　刘星

*

北京航空航天大学出版社出版发行

北京市海淀区学院路 37 号(邮编 100191)　http://www.buaapress.com.cn
发行部电话:(010)82317024　传真:(010)82328026
读者信箱　emsbook@gmail.com　邮购电话:(010)82316936

北京时代华都印刷有限公司印装　各地书店经销

*

开本:787×960　1/16　印张:16.25　字数:364 千字
2010 年 6 月第 1 版　2010 年 6 月第 1 次印刷　印数:4 000 册
ISBN 978-7-5124-0107-5　定价:32.00 元

FOREWORD

Designing networking hardware is hard, and very expensive. Although thousands of engineers in networking companies design ASICs, code FPGAs and build new networking products every day, our students don't get the opportunity to learn how to build networking hardware in college campuses. NetFPGA aims to change that.

The NetFPGA is the first platform in the world designed to allow students—in the classroom—to design their own networking hardware, running at line rate, and then actually deploy it in a real running network. NetFPGA was designed for teachers and students, to give the type of hands—on experience not normally possible in a university.
Several hundred students have used NetFPGA to do lab assignments where they build 4Gb/s Ethernet switches and Internet routers.

In the past couple of years, the number of NetFPGA boards has grown; at the time of writing, over 150 universities have 1,500 boards in 18 countries. And the numbers keep growing. An increasing number of researchers (graduate students, professors and researchers in industrial research labs) are using NetFPGA to prototype new ways to process packets.

The main goal of the program is to build a thriving community of "Open Source Networking Hardware" designs, contributed to by students, researchers and ASIC designers in industry. Our goal is to exchange designs and modules worldwide, and build a valuable repository of useful designs.

It is very fitting that the first book about NetFPGA is for China. As we all know, the

FOREWORD

networking industry is growing at a tremendous rate, and many college graduates are going on to design networking hardware. A large and growing fraction of the world's networking hardware is designed and built in China. How appropriate for students in China to gain hands-on experience learning networking hardware in preparation for their future job.

It is therefore wonderful that Joshua Lu has written this book, to help the new NetFPGA users to get started. His thoughtful material takes us through the basics of setting up and using the NetFPGA, and some exercises to get started creating our own designs. I am confident that this new book will open up a whole new world of possibilities for networking researchers. Every NetFPGA user and developer in China should buy this book. It is an invaluable guide.

——Nick McKeown
Stanford

前 言

NetFPGA，拆分开就是 Network 与 FPGA，这两个名词对于电子工程师来说都是耳熟能详的，直译可简单称为网络 FPGA。通常普通的 FPGA 用户也知道 FPGA 上能实现哪些网络的应用，但这两个名词混合到一起又表示什么，又有哪些高明之处呢？

NetFPGA 起源于斯坦福大学由 Nick McKeown 教授领导的研究小组，作为一个软硬件皆可编程的开放平台，应用在网络设计课程中。学生只需要大约十周的时间，就可以开发出实际的网络设备，如网卡、交换机、路由器、防火墙等。NetFPGA 小组刚卸任的负责人之一 John Lockwood 教授也是一直从事着网络应用硬件化加速的工作，其最主要的开发、验证平台就是 Xilinx FPGA。

记得 2003 年在读硕士时就了解到 Lockwood 教授在开展利用 FPGA 进行网络加速的研究，而作者当时所在的课题组也在尝试做一些网络应用的硬件加速，然而那时对于 FPGA 和网络都是一知半解，一切都得从头开始、白手起家。为了搭建一个 PCI 接口的 FPGA 加速平台，从原理图、PCB、硬件调试、驱动开发、逻辑开发到上层应用整整花了一年半的时间，花费了很多精力，却也没有得到特别好的效果。等平台搭建好，也就离毕业不远了，因此反而没有太多时间研究硬件加速应用本身。

毕业后有幸来到 Xilinx 公司工作，在一次与大学计划经理谢凯年博士的聊天中得知 Lockwood 已经加入 Nick 的小组，而斯坦福大学正在和我们公司合作开展 NetFPGA 的项目，顿觉我的师弟们前途一片光明，也明白这对他们的课题来讲意味着什么。NetFPGA 不仅提供硬件平台，还提供驱动、逻辑源代码。这些源代码能够让读者更快地熟悉网络相关的逻辑设计，更好地利用搭建好的底层逻辑；同时易用的驱动程序和上位机程序也帮助硬件开发人员极大地减少了与上位机交互的工作量，这就能让开发人员更专注于应用和加速本身，而不用考虑硬件平台，降低了做网络加速应用开发与研究的门槛，这也和 Xilinx 近期推出的"目标设计平台"的概念不谋而合，NetFPGA 也算是以网络加速应用为目标的设计平台。

因为工作的便利可以第一时间把这个平台推荐给了仍在学校的师弟杨卫、王飞、周剑等，在此基础上他们也确实做了不少工作，比如流量采集、流量回放、内容匹配、数据包产生、入侵

前言

检测等。2008 年的夏天，曾经和作者一起并肩作战于交大实验室、现正在美国 UCSB 攻读博士的好友高明回国休假，了解到有 NetFPGA 这一平台，于是我们和师弟王飞一起花了不到两个月的时间就开发了一个千兆环境下 BT 流量监测的应用模型，也算是弥补了我们毕业时的遗憾。能在这么短的周期内开发出完整的应用模型，也是得益于 NetFPGA 这个平台，站在巨人的肩膀上，起点自然就高了很多。

目前 NetFPGA 这个平台在全球也已经有了很多的用户，但是国内开展这方面研究的确实还不多。一来，NetFPGA 虽然降低了做网络加速应用开发的门槛，但这个平台的入门本身就有一定的难度；二来，很多用户都觉得必须要有 NetFPGA 这个平台，才能做这方面的开发，但这个平台相对价格还是较高，个人购买有一定的困难。适逢全国大学生信息安全邀请赛即将举行，这次邀请赛的开发平台之一就是 NetFPGA，所以在 Xilinx 大学计划经理谢凯年博士的促成下，决定以此为契机编写一本 NetFPGA 开发指南。这样，不仅可以把我们做的这些工作和学习经验介绍给国内的开发人员，解决入门问题（本书名中"零存整取"之意正来源于此）；而且也是想告诉大家并不是必须有 NetFPGA 这个平台才可以做这方面的开发，只要有心去做工作，理解了 NetFPGA 理念和源代码，一样可以在其他硬件平台上进行研究开发。

本书第 1 章介绍了 NetFPGA 及其技术渊源；第 2 章介绍了 NetFPGA 平台的搭建；第 3 章仔细分析了 Reference Router 的硬件结构和数据流程；第 4 章介绍了驱动的开发；第 5 章介绍了其他经典应用；第 6 章介绍了高阶开发，利用 BT 流量的检测实例介绍；第 7 章在理解了 NetFPGA 理念和源码的基础上，介绍了对其移植的想法及注意事项。

本书由陆佳华列出具体内容提纲，硬件设计大部分由杨卫完成编写，软件驱动部分由周剑完成，第 2 章由大学计划实习生阙志强完成，最终由杨卫和陆佳华一起完成统稿与校正。师弟陈海荣、郑伟、陈灿、高西洋完成了书中插图的绘制，并通阅了全书；西安交通大学张克农副教授通阅了全书，并对全书进行了指导；斯坦福大学的 James Hongyi Zeng 通读了全书并提出了大量宝贵意见；Xilinx 大学计划经理谢凯年博士在本书的编写过程中对本书提供了宝贵意见，在此对他们表示衷心的感谢。

本书只求能抛砖引玉，为国内从事网络加速应用开发研究人员尽一份工程师的绵薄之力。由于编写较为仓促，个人经验及能力有限，对网络应用和 FPGA 开发的理解可能会有很多不准确之处，恳请各位专家和读者不吝赐教，以便在适当的时间再做修订补充。有兴趣的读者，可以发送邮件到：joshua.lu@xilinx.com，与作者进一步交流；也可以发送邮件到：emsbook@gmail.com，与本书策划编辑进行交流。

陆佳华
2010 年 2 月于上海

目 录

第1篇 初识 NetFPGA

第1章 网络 FPGA ... 3
1.1 NetFPGA 溯源 ... 3
1.2 核心部件 ... 5
1.2.1 FPGA ... 5
1.2.2 Memory ... 6
1.2.3 PHY ... 7
1.2.4 PCI ... 8
1.2.5 SATA ... 9

第2章 NetFPGA 平台搭建指南 ... 11
2.1 NetFPGA 主机清单 ... 11
2.1.1 官方网站推荐主机清单 ... 11
2.1.2 Xilinx 大学计划使用的主机清单 ... 12
2.1.3 预装机购买 ... 12
2.1.4 机器选购的一些建议 ... 12
2.2 操作系统介绍及其安装 ... 15
2.2.1 NetFPGA 兼容的操作系统介绍 ... 15
2.2.2 Bios 设置 ... 16
2.2.3 Cent OS 4.4 安装指南 ... 16
2.3 NetFPGA 系统快速安装法 ... 24
2.3.1 Java 环境安装 ... 25
2.3.2 rpmforge 安装 ... 28
2.3.3 NetFPGA 基础开发包安装 ... 29

目 录

    2.3.4 其他设置 ·········· 34
2.4 NetFPGA 系统详细安装法 ·········· 35
    2.4.1 设置 Grub 参数 ·········· 35
    2.4.2 下载 NetFPGA 基础开发包 ·········· 35
    2.4.3 设置环境变量 ·········· 38
    2.4.4 检查是否安装了对应版本的 Linux 内核源代码 ·········· 39
    2.4.5 安装 perl 支持包 ·········· 39
    2.4.6 安装 Java ·········· 40
    2.4.7 安装 NetFPGA 驱动 ·········· 40
    2.4.8 验证是否安装成功 ·········· 43
    2.4.9 执行 CPCI ·········· 43
2.5 安装 NetFPGA 开发工具——综合工具 ·········· 44
    2.5.1 ISE 版本规定 ·········· 44
    2.5.2 Linux 如何安装 ISE9.1.03 ·········· 44
    2.5.3 如何设置环境变量 ·········· 47
2.6 安装 NetFPGA 开发工具——仿真工具及其相关设置 ·········· 48
    2.6.1 ModelSim 的安装 ·········· 48
    2.6.2 安装内存仿真模块 ·········· 48
2.7 安装 NetFPGA 开发工具——调试工具 ·········· 49
2.8 NetFPGA 的测试 ·········· 49
    2.8.1 selftest 版本 1 ·········· 49
    2.8.2 selftest 版本 2 ·········· 50
    2.8.3 regress test ·········· 52

第 2 篇 近观 NetFPGA

第 3 章 深入浅出 Router 硬件 ·········· 63

3.1 为什么是 Router ·········· 63
3.2 纵观 Router Architecture ·········· 64
3.3 硬件设计结构的思考 ·········· 66
    3.3.1 关键技术之 Packet 和 Register Bus ·········· 68
    3.3.2 关键技术之 5 级 pipelining ·········· 69
    3.3.3 关键技术之统一 Packet 格式 ·········· 69
    3.3.4 我们需要关注什么 ·········· 70
3.4 链路层 ·········· 82
    3.4.1 认识 MAC 核 ·········· 82

目　录

   3.4.2　Router 中的 MAC 核 ……………………………… 84
   3.4.3　链路层的辅助设计 …………………………………… 86
   3.4.4　如何使用 TEMAC 核 ………………………………… 91
 3.5　核心层面的网络层 ………………………………………… 95
   3.5.1　简单的队列调度 ………………………………………… 95
   3.5.2　出色的转发引擎 ………………………………………… 97
   3.5.3　管理好输出缓冲 ……………………………………… 110
   3.5.4　SRAM 接口设计 ……………………………………… 112
   3.5.5　留给读者的电路 ……………………………………… 116
 3.6　数据交互的 PCI 接口 …………………………………… 117
 3.7　HDL 源码探究 …………………………………………… 118

第 4 章　深入浅出 Router 软件 ………………………… 123
 4.1　驱动程序的结构 ………………………………………… 123
   4.1.1　驱动概述 ………………………………………………… 123
   4.1.2　NetFPGA 驱动简介 ………………………………… 124
   4.1.3　PCI 驱动介绍 ………………………………………… 127
   4.1.4　nf2 设备探测和初始化 ……………………………… 129
   4.1.5　nf2 设备卸载 …………………………………………… 131
 4.2　设备驱动的操作 ………………………………………… 132
   4.2.1　打开与关闭 …………………………………………… 132
   4.2.2　数据包是如何接收的 ………………………………… 133
   4.2.3　驱动如何发送数据包 ………………………………… 135
   4.2.4　这样来配置硬件板卡——ioctl ……………………… 137
   4.2.5　换一种方式来实现驱动程序 ………………………… 138
 4.3　用户界面分析 …………………………………………… 140
   4.3.1　为什么要有用户界面 ………………………………… 140
   4.3.2　用户界面如何操控硬件 ……………………………… 142

第 3 篇　再会 NetFPGA

第 5 章　经典应用剖析 ……………………………………… 147
 5.1　视频流 demo ……………………………………………… 147
 5.2　通用的 Packet Generator ……………………………… 151
   5.2.1　硬　件 …………………………………………………… 152
   5.2.2　软　件 …………………………………………………… 158

目 录

5.3 新颖的 OpenFlow ·· 159
    5.3.1 了解 OpenFlow Switch ································ 160
    5.3.2 如何在 NetFPGA 上搭建 OpenFlow ··············· 164
5.4 丰富的 Project ·· 170
    5.4.1 值得分析的 Project ······································ 170
    5.4.2 更多的 Project ·· 180
5.5 贡献你的 Project ·· 182

第 6 章 开发实践 ·· 185

6.1 选择流量检测 ·· 185
6.2 硬件设计方法 ·· 189
    6.2.1 开始前的准备 ·· 190
    6.2.2 设计正确的 module ···································· 191
    6.2.3 提交放心的 module ···································· 198
    6.2.4 添加新的 module ······································· 201
6.3 驱动设计方法 ·· 210
    6.3.1 驱动设计准备 ·· 210
    6.3.2 提升数据传输速率的两种方法 ··················· 212
    6.3.3 怎样更加轻松地使用驱动程序 ··················· 214
6.4 应用程序设计方法 ·· 219
    6.4.1 功能验证利器 C 语言程序 ·························· 219
    6.4.2 Java 编写 GUI 让你的演示更 nice ··············· 226
    6.4.3 Makefile 浅谈 ··· 230
6.5 系统调试 ·· 232

第 7 章 皆可 NetFPGA ·· 238

7.1 高性能的 NetFPGA ·· 238
    7.1.1 目标平台 ·· 238
    7.1.2 硬件移植 ·· 243
    7.1.3 PCIe 驱动开发 ·· 246
7.2 轻量级的 NetFPGA ·· 246
7.3 NetFPGA 资源共享 ·· 248

附录 NFP2.0 的改进 ·· 249

参考文献 ·· 250

第1篇

初识 NetFPGA

> 网络 FPGA
> NetFPGA 平台搭建指南

第 1 章

网络 FPGA

只用一样东西，不明白它的道理，实在不高明。

——林语堂

认识 NetFPGA 开发平台是过程、是手段，最终目的是良好运用 NetFPGA。作者希望读者不仅要清楚地了解 NetFPGA 的历史渊源，掌握开发平台上的硬件资源；更重要的是体会 NetFPGA 板卡的设计特点，寻找采用目前这种设计的原因和优势。

1.1 NetFPGA 溯源

NetFPGA，从字面上看可以称为网络 FPGA，这个平台也确实与网络息息相关；从技术上看，除了作为教学、研究下一代网络结构的应用外，其在网络安全领域也有不小的斩获，比如 UC Berkeley 的 Nicholas 发表的文章《The Shunt: An FPGA Based Accelerator for Network Intrusion Prevention》就是在 NetFPGA 平台上实现的，这篇文章主要阐述了如何用 FPGA 实现对高速网络数据流量的实时入侵检测及防护。因为 NetFPGA 提供了易用的软硬件接口和驱动程序，所以用户基本不用花太多的时间去处理 PCI 驱动、板卡与主机的交互、MAC 与 PHY 的交互等，可以更集中精力实现其核心的内容匹配、过滤等算法，并快速添加到 NetFPGA 平台上进行测试。

其实刚卸任斯坦福 NetFPGA 小组负责人的 John Lockwood 教授的主要研究方向之一就是，如何利用 FPGA 来解决高速网络中 IDS/IPS 的性能瓶颈（早期主要是研究一些模式匹配算法在 FPGA 上的实现）以及如何在 FPGA 上构建高速的网络应用的架构。在加入斯坦福 NetFPGA 小组前，一个比较典型的例子就是其在 2003 年发表的一篇文章《An Extensible, System-On-Programmable-Chip Content-Aware Internet Firewall》，在这篇文章中可以看到如图 1.1 所示的结构框图。

在图 1.1 中，大家可以看到以 Xilinx Virtex2 FPGA 为平台，主要实现了网络数据包的解包、负载（Payload）的扫描过滤等，这个部分的架构和思想也可以算作是 NetFPGA 的硬件逻辑雏形了。在后期大家可以越来越多地看到 NetFPGA 与网络安全、网络应用的硬件加速有着千丝万缕的联系。

第1章 网络FPGA

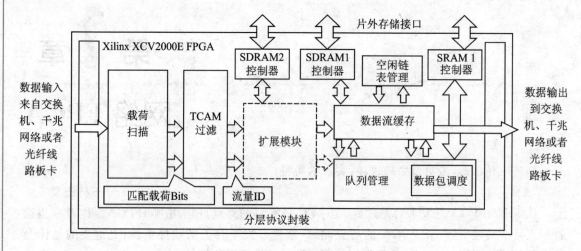

图1.1 NetFPGA结构框图

作为一个软硬件皆可编程的开放性平台,NetFPGA至今经历了两种设计版本。

2001年的NetFPGA-v1包括3个Altera的EP20K400 APEX芯片、一个8端口的以太网控制器、3个1 MB的SRAM和时钟电路;将其应用在网络课程设计中,学生只需要大约十周的时间,就可以开发出实际的网络设备,如网卡、交换机和路由器等。但是早期版本的开发平台存在一定的缺陷:

- 只提供了8个10 Mb/s的以太端口,其传输速率在课程设计中是足够了,但是很难满足实际研究中的需要;
- 缺少板级的CPU,无法开发复杂的控制软件,也不利于系统功能的扩展。

时隔3年推出的NetFPGA-v2拥有1个32位、33 MHz的PCI总线接口,1片Xilinx的Spartan芯片用来实现PCI总线接口控制,核心器件V2P30用来实现用户逻辑,2个SATA接口实现平台间的通信,还包括2片512K×36位的SRAM。V2P30通过标准的GMII接口连接在一个Marvell多端口10/100/1 000 Mb/s以太网PHY上,整个系统的时钟频率为62.5 MHz。与先前版本相比,一个比较大的改进是增加了PCI总线接口,方便了板级硬件和CPU软件之间的通信,也可以通过PCI总线来配置FPGA。

作者将要介绍的是2007年新推出的NetFPGA 2.1开发平台,它在v2的基础上对主芯片的逻辑规模进行了扩展,增加了更快速的存储器,其硬件资源主要有:

- Virtex-II Pro XC2VP50 FPGA;
- Spartan-II XC2S200 FPGA;
- ZBT SRAM;
- DDR2 SDRAM;
- BCM5464 PHY芯片;

- 时钟资源；
- 4 个千兆以太网端口；
- 33 MHz PCI 总线接口；
- 2 个 Serial ATA 接口。

NetFPGA 2.1 开发平台如图 1.2 所示。

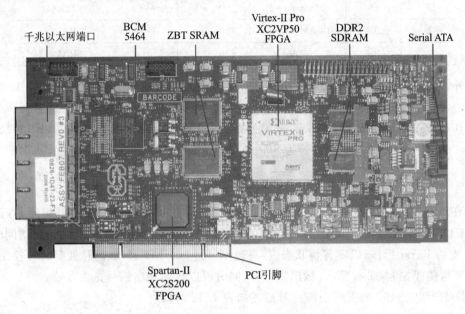

图 1.2　NetFPGA 2.1 开发平台

1.2　核心部件

使用一种以 FPGA 为核心部件的硬件开发平台，需要关注平台上的哪些硬件资源呢？作者以为需要充分熟悉开发平台上核心器件的功能以及器件引脚间的连接关系。

1.2.1　FPGA

开发平台上包含了两块可编程的芯片，首先来看看其中比较重要的一个。UFPGA(User FPGA，实现用户逻辑的可编程芯片)是 Virtex-II Pro 系列芯片，型号是 XC2VP50，封装形式为 FF1152，速度等级为 7。该芯片包括 2 个 PowerPC 405 处理器、16 个 MGT、8 个 DCM、23 616 个 slices(基本单元)和 4 176 Kb 的块 RAM。PowerPC 405 处理器支持 300 MHz 时钟频率；每个 MGT 能够支持 3.125 Gb/s 的传输速率；852 个用户可选 I/O 支持多种高速 I/O 标准，如 LVDS、SSTL2 和 PCI 等；DCM 支持 24～420 MHz 的时钟频率。

第1章 网络FPGA

2VP50 芯片同其他芯片的链接如表 1.1 所列。

表 1.1 2VP50 接口表

Bank	可用 I/O	接 口	Bank	可用 I/O	接 口
0	69	Spartan–II	4	69	SATA
1	69	Spartan–II	5	69	BCM5464
2	104	SDRAM,Spartan–II	6	104	SRAM
3	104	SDRAM	7	104	SRAM

另外一块 CFPGA(Control FPGA)是开发平台的辅助芯片,选择 Spartan–II 系列的 XC2S200–FG456C 芯片,用来实现 PCI 总线控制,速度等级为 6,芯片密度高达到 20 万门。它内部具有 56 Kb 的块 RAM 和 75 Kb 的分布式 RAM,支持多种接口标准,并提供灵活的时钟处理,284 个用户可用 I/O 引脚分为 8 个 Bank。

1.2.2 Memory

NetFPGA 2.1 上包括了 36 Mb 的 ZBT SRAM(与 FPGA 时钟同步),由两片 CYPRESS 的 CY7C1370C–167 构成,单片存储容量为 512K×36 位,工作电压为 3.3 V,最大访问时间为 3.4 ns,支持 Burst 操作,以零等待状态读/写速率可达 167 MHz。该芯片拥有时钟控制信号,支持字节写使能控制,带有输入/输出寄存器,同时可以控制输出信号是否有效。

CY7C1370C–167 的主要引脚信号描述如表 1.2 所列。

表 1.2 CY7C1370C–167 主要引脚信号描述

引 脚	I/O	描 述
A0,A1,A	I	地址输入,与 CLK 同步
BWa,BWb,BWc,BWd	I	写字节选择,低电平有效
WE	I	写使能控制,低电平有效
CLK	I	时钟输入,同步芯片的输入信号
CE1,CE3	I	芯片输入使能,低电平有效
CE2	I	芯片输入使能,高电平有效
OE	I	芯片输出使能,低电平有效
CEN	I	始终使能,低电平有效
DQa,DQb,DQc,DQd	I/O	双向数据 I/O
DQPa,DQPb,DQPc,DQPd	I/O	双向数据校验 I/O,这些信号是 DQ[31:0] 的标记位,在写时分别由 BW 信号来控制

续表 1.2

引脚	I/O	描述
MODE	I	芯片 Burst 序列模式
TDO	O	JTAG 串行数据输出,同步 TCK 的下降沿
TDI	I	JTAG 串行数据输入,同步 TCK 的上升沿
TMS	I	控制 TAP 状态机,同步 TCK 上升沿
TCK	I	JTAG 时钟信号
VDD	I	芯片内部电源
VDDQ	I	I/O 电路电源
VSS	I	芯片地
ZZ	I	ZZ 睡眠模式输入

开发平台上包括 16M × 32 位的 DDR2 SDRAM,由两片 Micron Semiconductor 的 MT47H16M 并联构建 32 位的 SDRAM 存储系统,其中一片为高 16 位,另一片为低 16 位。MT47H16M 工作电压为 1.8 V,支持自动刷新和自刷新,16 位的数据宽度,支持 200 MHz 时钟频率。

1.2.3 PHY

PHY 选用 Broadcom 公司的 BCM5464,是一款多端口 10/100/1 000 Mb/s 自适应的 PHY,内部集成了 4 路千兆位电信号收发器,具有集成铜线/光纤媒质接口,支持 GMII、RGMII 等接口模式,低功耗、高处理性能,完全支持 IEEE 802.3、802.3u 和 802.3ab 规格。BCM5464 芯片的每个端口都是完全独立的,拥有唯一的控制寄存器和状态寄存器,其主要引脚信号描述如表 1.3 所列。

表 1.3 BCM5464 主要引脚信号描述

引脚	I/O	描述	引脚	I/O	描述
TXD[7:0]	I	8 位数据输入	RX_DV	O	RX 数据有效通知信号
RXD[7:0]	O	8 位数据输出	RX_ER	O	RX 数据错误通知信号
TX_CLK	O	TX 数据输入参考时钟	COL	O	网络出现拥塞的标志信号
RX_CLK	O	RX 数据输出参考时钟	CRS	O	作为 carrier 回复用的信号
TX_EN	I	TX 数据使能控制	MDIO	I	对 PHY 作读取和写入的数据
TX_ER	I	TX 数据错误通知信号	MDC	I/O	对 PHY 作读取和写入的时钟信号

1.2.4 PCI

NetFPGA 不仅能方便迅速地实现网络中的设备,又能满足多个平台之间的高速数据传输,为了兼顾这两个方面,开发平台上包含了一个典型的高带宽总线接口和一个流行的高速串行接口。

为什么需要 PCI 总线接口?它不仅提供电源和复位信号,而且用来配置 UFPGA,同时也是 PC 机应用软件和板上硬件通信的桥梁。这里主要用 Spartan-II 芯片来实现 PCI 总线目标设备的接口控制,利用了 Xilinx 公司提供的 IP core(LogiCORE PCI v3.1)。整个 PCI 核的外围信号可分为两类:PCI 侧信号和用户侧信号,包括 I/O 接口模块、用户逻辑接口模块、PCI 配置空间模块、主/从设备状态机模块和奇偶校验模块等,结构如图 1.3 所示。PCI 总线接口信号的详细描述如表 1.4 所列。

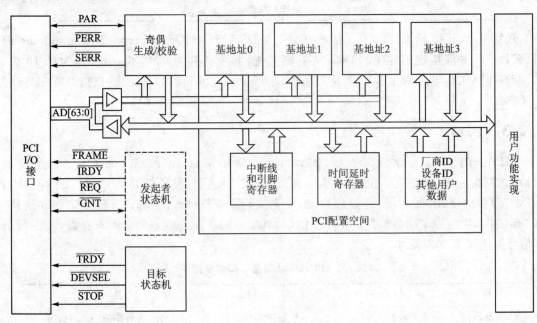

图 1.3 PCI 核的逻辑结构图

表 1.4 PCI 总线接口信号

引 脚	I/O	描 述
CLK	I	系统时钟,除 $\overline{\text{RST}}$ 及 4 个中断引脚外,其他 PCI 信号都在 CLK 信号的上升沿采样
$\overline{\text{RST}}$	I	异步复位,无论何时,在该信号有效时,所有 PCI 信号必须驱动到它们的起始状态,即高阻态,另外寄存器、顺序发生器要置于固定的状态

续表 1.4

引 脚	I/O	描 述
AD[31:0]	I/O	地址数据复用,对于配置空间和存储器空间,这是一个双字地址,对于 I/O 空间,这是一个字节地址
C/BE[3:0]	I/O	地址段期间,定义总线命令;数据段期间,用作字节允许
PAR	I/O	AD 和 C/BE 上的数据偶校验,PAR 与 AD 有相同的时序,但延时一个时钟,在地址段后一个时钟,PAR 稳定并有效;对于数据段,在写传输中,PAR 在 IRDY 有效后一个时钟稳定有效,在读传输中,PAR 在 TRDY 有效后一个时钟稳定并有效
FRAME	I/O	由当前总线设备驱动,说明一个总线传输的开始和继续
IRDY	I/O	启动者准备好,在读操作中,该信号有效说明总线主设备已准备好接收数据;在写操作中,它说明 AD 上已有有效数据
TRDY	I/O	目标设备准备就绪,在写操作中,该信号有效说明目标设备已准备好接收数据;在读操作中,说明 AD 上已有有效数据
STOP	I/O	停止信号,说明当前目标设备要停止当前传输
LOCK	I/O	锁定信号
IDSEL	I	初始化设备选择,在配置空间读/写操作中,用作片选
DEVSEL	I/O	设备选择,该信号说明总线上是否有目标设备被选中
REQ	O	申请,向仲裁器说明该单元想使用的总线
GNT	I	允许,仲裁器向申请单元说明其对总线的操作已被允许
PERR	I/O	奇偶校验错误
SERR	I/O	系统错误
INTA/B/C/D	O	中断信号

读者想要了解 LogiCORE PCI v3.1 的详细信息可参阅 Xilinx 公司参考文档 UG159 和 DS206。

1.2.5 SATA

近年来出现了一种应用广泛的高速串行接口,即 SATA 接口,该接口的全称是 Serial Advanced Technology Attachment(串行高级技术附件,一种基于行业标准的串行硬件驱动器接口)。SATA 的前身是流行的并行高级技术附件 PATA (Parallel Advanced Technology Attachment)接口,但它克服了 PATA 的许多局限,并且提供了 150 MB/s 的最大带宽。

Virtex-II Pro 的嵌入式多速率串行收发器(MGT)与第一代 SATA(1.5 Gb/s)的链接速度兼容。MGT 可以用来实现物理层,Xilinx 合作伙伴提供的 SATA 主机控制器 IP 核有 8 位的物理接口,用于连接符合 SAPIS 的串行 ATA PHY,用于访问寄存器及 FIFO/DMA 数据传输的 Wishbone 从接口，1 KB(256 个双字)数据 FIFO，实现了映射寄存器模块以及串行 ATA 状态和控制寄存器，与并行 ATA 传统软件兼容，其结构框图如图 1.4 所示。

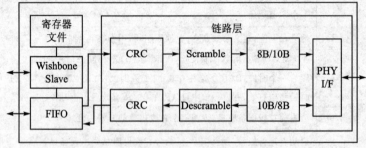

图 1.4　SATA 主机控制器结构框图

读者想要了解在 FPGA 上实现 SATA 通信控制的详细信息可以参阅 Xilinx 参考文档 xapp716，Rocket IO 方面的信息在文档 ug076 里有详细的介绍。

本章是使用 NetFPGA 做系统开发的基础，作者希望读者通过这里的学习，至少清楚在继续后面的学习前所需要的背景知识。

第 2 章

NetFPGA 平台搭建指南

NetFPGA 作为一个单独板卡，其必须要有一个主机平台作为载体，辅助其实现各种功能以及与其他设备进行数据交互，那什么样的主机平台才是符合 NetFPGA 需求的呢？最基本要有一个 PCI 接口，那是否还有其他要求呢？本章将就主机软硬件平台和各种配置做一初略的探讨，看看这一整套系统到底在前期要做哪些配置。

2.1 NetFPGA 主机清单

2.1.1 官方网站推荐主机清单

NetFPGA 官方网站推荐机器清单如图 2.1 所示。

- Motherboard
  - Use Micro ATX (uATX) for small case
  - Use board that supports AM2+ to support both dual & Quad Core CPUs
  - Option 1：ASUS M3N78－AM2+－Micro ATX Motherboard
  - Option 2：Asus M2N68－AM－Micro ATX Motherboard AM2+
  - Option 4：ASUS M2N－VM DVI－Micro ATX Motherboard
- AMD Dual or Quad－core CPU
  - Option 1：AMD X2 Dual－Core (3.0 GHz) AM2 6000 CPU
  - Option 2：AMD X4 940 Quad－Core (3 GHz) AM2+ CPU
- 2 GB DDR2 800 DRAM
- DVD Reader/Writer (for boot disk)
- MicroATX Chassis with clear covers to see NetFPGA
- 400W+ Power Supply with modular cables (optional)
- Intel Pro/1000 Dual－port Gigabit PCI－Express (PCIe)x4 NIC
- 500 GB SATA HD
- Ethernet Cables：～$20
  - Category 5e or Category 6 Ethernet Cables
    - Short－length：1 foot ～= 30 cm, Blue (for host)
    - Short－length：1 foot ～= 30 cm, Orange (for host)
    - Medium－length：6 foot ～= 2 m, White (for neighbor machine)
    - Medium－length：6 foot ～= 2 m, Red (for neighbor machine)
    - Long－length：12 foot ～= 4 m, Blue (for Internet)
- Power Strip for PC and monitor with localized plug
- SATA Cable

图 2.1 NetFPGA 官方网站推荐机器清单

2.1.2 Xilinx 大学计划使用的主机清单

2008 年 8 月,Xilinx 大学计划的 NetFPGA Workshop 中使用的主机清单如图 2.2 所示。

- A4Tech Mouse/KEYBOARD
- Huntkey Hk500-52AP 400 WATX2.3 POWERSUPPLY
- AMD 5600+
- KINSTON DDRII 800
- VIEWSONIC VA1916W 19"
- GOLDENFIELD 8203R BOX
- GIGABYTE 技嘉 GA-M78SM-S2H 主板(NVIDIA GeForce 8200/AM2+/2600)
- SEAGATE 7200.11 SATA II 320 GB/16 MB
- PIONEER DVD 228
- Intel Pro/1000 Dual-port Gigabit PCI-Express (PCIe)x4 NIC,具体型号是 EXPI9402PT
- TP-Link 8139 网卡(有了它,可以在之后的操作系统配置中省掉很多麻烦)

图 2.2 Xilinx 大学计划的 NetFPGA Workshop 中使用的主机清单

2.1.3 预装机购买

在 NetFPGA 官方网站上,除了推荐如何自己配置机器之外,也提供了整机购买,即搭建好 NetFPGA 环境的整机,主要有以下 3 种方式。

(1) Dell 2950

Dell 2950 2U Rackmount PC 是一款预装好 NetFPGA 系统的服务器系统,用户可以从 Dell 公司购买。图 2.3 是它的概貌。

(2) Accent Technolgy 公司的预装机

Accent Technolgy 公司提供 NetFPGA 的预装机,如图 2.4 所示。

(3) Digilent 公司的预装机

作为 NetFPGA 硬件板卡的开发商 Digilent 也提供相应的预装机,如图 2.5 所示。

2.1.4 机器选购的一些建议

搭建 NetFPGA 系统最关键、也是最首要的就是选择一个性能好、与 NetFPGA 兼容的硬件平台。

① 首先是主板。

以目前的经验来说,部分主板对 NetFPGA 的支持性不是很好,因此推荐读者使用其官方建议的主板。另外在选购主板的时候,务必预留一个 PCIe 的插槽,以便可以放下与 NetFPGA

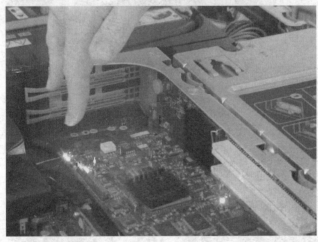

图 2.3　Dell 2950 2U Rackmount PC 概貌

配套、基于 PCIe 插槽的英特尔双网卡 EXPI9402PT。以目前的情况,一般来说,PCIe 是放置独立显卡的插槽,所以要么在主板上可以同时提供两个 PCIe 插槽,要么使用集成显卡并空出 PCIe 插槽的主板。事实上很多服务器主板都是集成显卡的,在 NetFPGA Workshop 中使用的主板都是集成显卡。

那么为什么需要这么一个英特尔双网卡呢?主要的原因是,在 NetFPGA 官方网站上提供的很多代码和例子都是基于这款网卡,所以如果用户需要使用它的 demo 程序,比如路由器的参考实例,那么就必须需要这一块网卡。而如果用户根本不想使用它的这些 demo 程序,那

第 2 章 NetFPGA 平台搭建指南

图 2.4 Accent Technology 公司提供 NetFPGA 的预装机

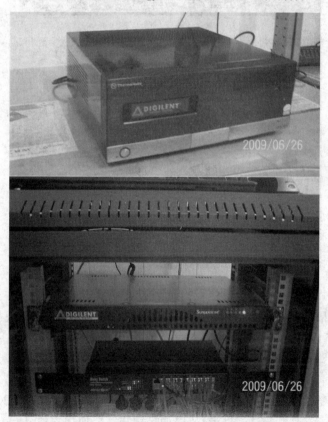

图 2.5 Digilent 公司提供 NetFPGA 的预装机

第 2 章　NetFPGA 平台搭建指南

么不买这个网卡也是可以的,比如使用最简单的 TP-LINK 8139 网卡,只是里面的协议就需要开发者自己完成了。

② 接下来是电源。

建议使用 400 W 的电源。使用 300 W 的电源有可能导致 NetFPGA 无法识别,曾有人遇到了这种情况。

③ 英特尔双网卡。

请务必购买 EXPI9402PT 这一款的千兆服务器网卡。

④ 光驱。

确实,DVD 光驱在安装操作系统的时候起到了很大的作用,但是如果大家觉得可以使用硬盘、USB 或者网络安装的话,这个光驱是多余的,可以舍去。

⑤ CPU 使用英特尔还是 AMD 的都可以,具体请根据自己的主板选型决定。内存建议大一些,这样在后期综合 NetFPGA 的 HDL 代码时可以快一些。另外,用户可以买到 IDE 硬盘,或者机器本来就是 IDE 接口,则是最好的。

2.2　操作系统介绍及其安装

2.2.1　NetFPGA 兼容的操作系统介绍

NetFPGA 需要的操作系统是 Linux 系统,2008 年 3 月官方网站上推荐的系统是 Cent OS 4.4,现在同时也支持 Cent OS 5x,并且根据操作系统的特殊性,同时提供基于 Cent OS 4 和 Cent OS 5 两个版本的 NetFPGA 开发包,读者可以根据自己的喜好以及 PC 机器的兼容性进行一定的选择。当然作者推荐使用 Cent OS 4.4,理由下面会说到。

比如在 C 代码中,include 两个标准库的顺序不同,在 Cent OS 4.4 下可以编译通过,但是在 Cent OS 5 下却无法通过。还有在 Cent OS 5 系统下,自己遇到了找不到 pcap.h 的问题,虽然在/usr/lib 下作者找到了 libpcap(libpcap.0.9.4d),但是在对应的/usr/include 下找不到 pcap.h 文件,不过在 Cent OS 4.4 下面是存在这个文件的。当然读者如果想用 Cent OS 5 却又遇到这个问题的话,自己安装一下 libpcap 的支持包也是可以的。

Cent OS 系统不是向下兼容的,从 4 换到 5,很多都发生了改变,特别是编译器的版本问题。而 NetFPGA 小组最初在开发的时候使用的操作系统就是 Cent OS 4.4,并且目前所有 NetFPGA 的 demo 程序都在此操作系统上验证通过,所以作者推荐 Cent OS 4.4。

当然使用这个比较旧的操作系统在安装时是有一些问题的,最主要的问题就是它不支持 SATA,因为 Cent OS 4.4 产生时,SATA 硬盘还没有成为主流。作者认为使用 Cent OS 5 唯一的优势就是它可以很好地支持 SATA 硬盘;不过通过一些设置,Cent OS 4.4 也是可以安装在 SATA 硬盘上的,具体操作请参考下面章节。

2.2.2 Bios 设置

这里最主要的设置就是硬盘的设置,很多人会觉得,既然 Cent OS 4.4 不支持 SATA,那么把硬盘接口修改成 Native IDE 就好了。当然部分情况下是可以的,不过多数情况下操作系统还是无法识别硬盘。

当时在安装时的设置着实让作者费劲了心思,后来发现其实将硬盘设置成 AHCI 就可以了,即开启 SATA 功能,如图 2.6 所示;然后继续下面的安装步骤。

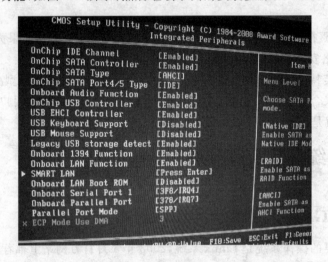

图 2.6 将硬盘设置成 AHCI

2.2.3 Cent OS 4.4 安装指南

(1) 启动安装

在安装 Cent OS 4.4 的时候,使用以下参数开始安装:

linux all - generic - ide pci = nommconf

如图 2.7 所示,这里的目的就是使硬盘可以被识别成 IDE。当然如果硬盘本身就是 IDE,那么直接按下回车开始安装就可以了。

这个设置要配合 BIOS 使用,如果 BIOS 设置成 Native IDE 则可以使用如下参数启动安装:

linux all - generic - ide pci = nommconf kernel = clock = pit nosmp noapic nolapic

大部分情况下使用这个参数启动安装是可以识别硬盘的,少部分情况下会出现无法识别硬盘的问题。

第 2 章　NetFPGA 平台搭建指南

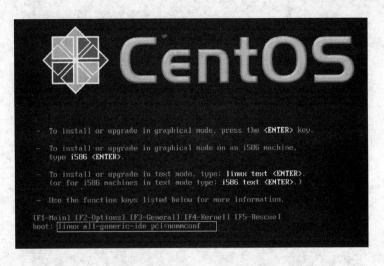

图 2.7　启动 Cent OS 4.4 安装

(2) 选择语言

这里语言选择英语，之后可以选择系统的第 2 语言为中文，如图 2.8 所示。

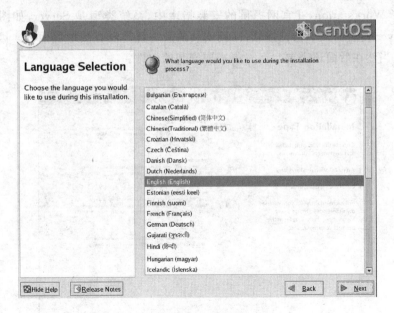

图 2.8　选择语言

(3) 选择键盘

选择美式键盘，如图 2.9 所示。

第 2 章 NetFPGA 平台搭建指南

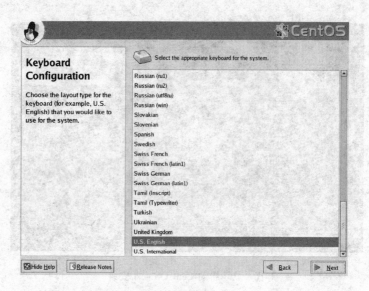

图 2.9 选择键盘

(4) 选择系统类型

这里选择 Workstation，在官网提供的安装指南中，系统类型是 Server，如图 2.10 所示。如果选择 Server 而后面又不自己选软件，则安装的系统就是没有图形界面的。因此建议选择 Workstation，当然在后面还需要自己选择需要安装的软件。

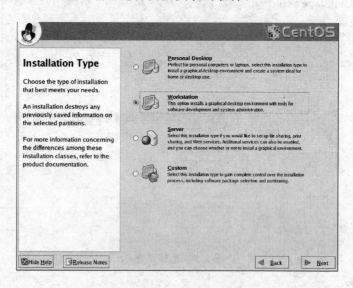

图 2.10 选择系统类型

第 2 章　NetFPGA 平台搭建指南

(5) 硬盘分区

建议选择自动分区,如图 2.11 所示。如果系统中已有 Windows 系统又想安装双系统,则在接下来的窗口中选择去除所有 Linux 分区,即可安装新系统;或者直接使用默认就可以了。

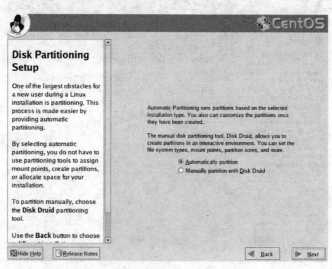

图 2.11　硬盘分区

(6) Boot Loader

使用默认设置即可,如图 2.12 所示。

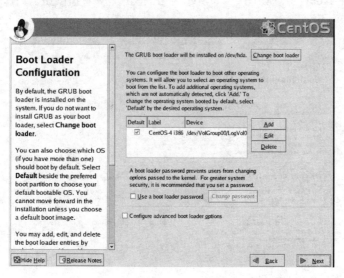

图 2.12　Boot Loader

第 2 章 NetFPGA 平台搭建指南

（7）网络配置

根据自己系统所在的网络特性进行配置，这里选用默认的 DHCP 模式，如图 2.13 所示。

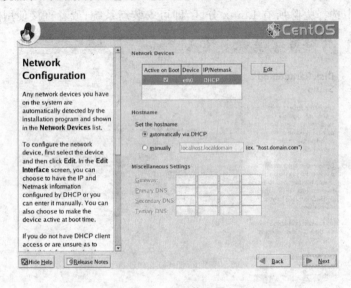

图 2.13 网络配置

（8）防火墙配置

去掉防火墙和 SELinux 功能，如图 2.14 所示，这些会对之后的 NetFPGA 系统造成难以预计的影响。选择 Next，出现如图 2.15 所示警告，单击 Proceed 按钮。

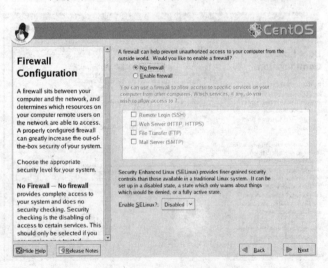

图 2.14 防火墙配置

第 2 章 NetFPGA 平台搭建指南

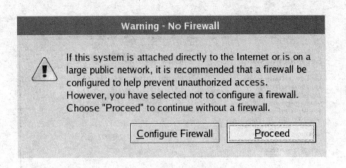

图 2.15　去掉防火墙后的警告

(9) 选择额外的语言

这里用来选择额外的语言(第 2 语言),如图 2.16 所示,若对其他语言感兴趣,则也可以一起选上。

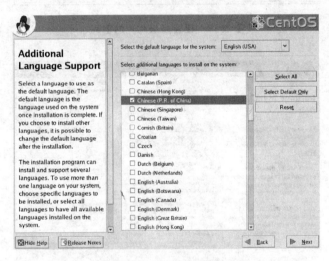

图 2.16　选择额外的语言

(10) 选择时区

选择中国的时区。

(11) 设置超级用户的密码

这里设置 root 的密码,如图 2.17 所示。

(12) 选择系统安装的软件包 I

强烈建议现在配置需要安装的软件包,这样可以省去之后很多麻烦,如图 2.18 所示。当然这里也可以选择使用默认的方式,这样在安装的时候会快一些,只是系统运行之后,需要自己额外地去网上下载很多软件支持包安装到系统中。

第 2 章 NetFPGA 平台搭建指南

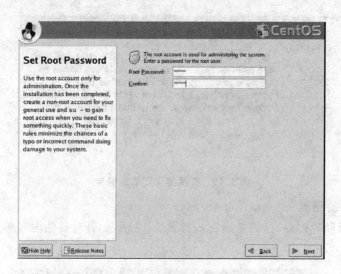

图 2.17　设置超级用户的密码

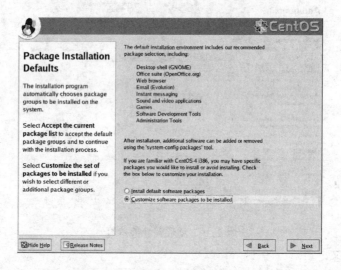

图 2.18　选择系统安装的软件包 I

(13) 选择系统安装的软件包 II

之后 NetFPGA 系统以及 Xilinx 工具链需要网络服务器,此版本 Linux Kernel 的源代码等一系列软件支持包建议全部安装,如图 2.19 所示。作者也遇到有人来问,系统安装好之后,如何安装 Linux Kernel 的源代码包呢？其实安装一个 Kernel 的源代码包并不难,但是要找到它对应版本的源代码包,并正确地安装到系统中,对于不熟悉 Linux 的人来说,还是有一点难度的。再说现在硬盘的价格比较低,也不会那么在乎 6.5 GB 左右的容量。

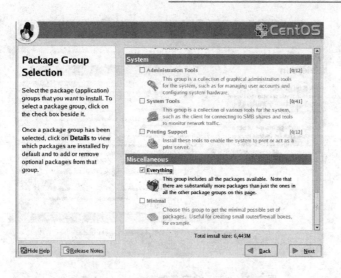

图 2.19 选择系统安装的软件包 II

(14) 选择系统安装的软件包 III

如果不想全部安装,也可以选择性的安装。Servers 选项中可以选择 Web Server 和 MySQL 数据库等,如图 2.20 所示。

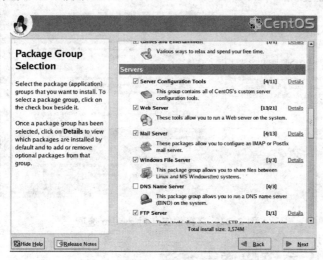

图 2.20 选择性安装时 Servers 选项

在 Development 选项中,如图 2.21 所示,注意检查在 Development Tools 中 Kernel 的源代码包已经被选上。

在 System 选项中,选择 System Tools,如图 2.22 所示。

第 2 章　NetFPGA 平台搭建指南

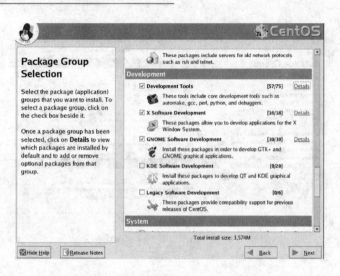

图 2.21　选择性安装时 Development 选项

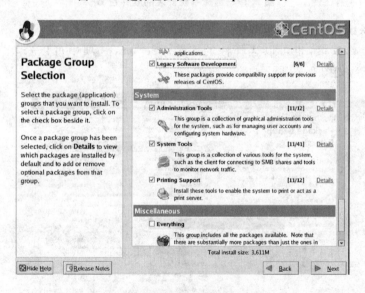

图 2.22　选择性安装时 System 选项

2.3　NetFPGA 系统快速安装法

相比 2007 年和 2008 年前半年，现在安装 NetFPGA 的流程已经被 NetFPGA 的开发者简化了很多。本节介绍 NetFPGA 系统的快速安装方法，在 2.4 节中将介绍 NetFPGA 的详细安装方法。

目前 NetFPGA 的基础开发包安装，已经被 NetFPGA 的开发者做成了类似于 Linux 的软件安装包的方式来安装，使用 rpm 命令直接从 NetFPGA 的网上软件库中下载所需要版本的软件，进行快速的安装；同时，也会检查系统所缺失的工具，比如 perl 支持包以及其他工具，一并自动安装。这种方式可以迅速、简单地搭建起一个 NetFPGA 系统。

在 2.4 节中将不使用 rpm 命令以及 NetFPGA 一些自动安装的命令，而是一步一步地将整个系统(NetFPGA 所需要的系统)配置起来。

读者可以根据自己的需求，选择性地根据 2.3 节或者 2.4 节的内容来安装 NetFPGA 系统。这两种安装方式都是完整的且已经过验证的。

2.3.1 Java 环境安装

以 root 的身份登录到系统；或者以普通用户登录，并在终端中输入"su"切换到 root 用户，然后安装最近的 Java 支持包。

从太阳公司(SUN)网站上，下载 Java JDK (JDK 6 Update 6) Linux RPM in self-extracting 文件，具体的文件名字是 jdk-6u6-linux-i586-rpm.bin，具体的下载地址是：

http://java.sun.com/products/archive/j2se/6u6/index.html

用户可以在终端中输入以下命令来检验 Java 支持包是否符合要求：

```
[root@localhost gbzhou]# java -version
java version "1.4.2"
gcj (GCC) 3.4.6 20060404 (Red Hat 3.4.6-3)
Copyright (C) 2006 Free Software Foundation, Inc.
This is free software; see the source for copying conditions.  There is NO
warranty; not even for MERCHANTABILITY or FITNESS FOR A PARTICULAR PURPOSE.
```

输出的版本号至少是 1.6.*，这样才能支持 NetFPGA 系统。可以发现这里是 1.4.2，所以需要升级一下。给安装包赋予可执行的权限，以便它可以自动执行并安装。

```
[root@localhost gbzhou]# chmod +x jdk-6u6-linux-i586-rpm.bin
```

通过以下的命令来安装：

```
[root@localhost gbzhou]# ./jdk-6u6-linux-i586-rpm.bin
```

当查看完所有的信息之后，输入"yes"，它就会自动开始安装了。接下来，安装 JPackage repository 的密钥，并为 yum 安装 JPackage repository 这个库的信息。

```
[root@localhost gbzhou]# rpm --import http://jpackage.org/jpackage.asc
[root@localhost gbzhou]# cd /etc/yum.repos.d
[root@localhost yum.repos.d]# wget http://www.jpackage.org/jpackage17.repo
```

第 2 章　NetFPGA 平台搭建指南

```
-- 22:00:58 --  http://www.jpackage.org/jpackage17.repo
             => 'jpackage17.repo'
Resolving www.jpackage.org... 212.85.158.22
Connecting to www.jpackage.org|212.85.158.22|:80... connected.
HTTP request sent, awaiting response... 200 OK
Length: 1,126 (1.1K) [text/plain]

100%[====================================>] 1,126          --.--K/s

22:01:01 (17.60 MB/s) - 'jpackage17.repo' saved [1126/1126]
```

最后安装 Java JRE：

```
[#]# yum -y --enablerepo=jpackage-generic-nonfree install java-1.6.0-sun-compat.i586
```

正常的输出应该为如下形式：

```
Setting up Install Process
Setting up repositories
jpackage-generic-nonfree   100% |=========================|  951 B    00:00
update                     100% |=========================|  951 B    00:00
base                       100% |=========================|  1.1 KB   00:00
jpackage-generic           100% |=========================|  951 B    00:00
addons                     100% |=========================|  951 B    00:00
extras                     100% |=========================|  1.1 KB   00:00
Reading repository metadata in from local files
primary.xml.gz             100% |=========================|  4.9 KB   00:00
jpackage-g: ################################################### 21/21
Added 21 new packages, deleted 0 old in 0.23 seconds
primary.xml.gz             100% |=========================|  113 KB   00:09
update     : ################################################### 377/377
Added 377 new packages, deleted 0 old in 5.56 seconds
primary.xml.gz             100% |=========================|  608 KB   00:06
base       : ################################################### 1591/1591
Added 1591 new packages, deleted 0 old in 22.99 seconds
primary.xml.gz             100% |=========================|  521 KB   00:15
jpackage-g: ################################################### 2277/2277
Added 2277 new packages, deleted 0 old in 23.25 seconds
primary.xml.gz             100% |=========================|  190 B    00:00
Added 0 new packages, deleted 0 old in 0.01 seconds
```

```
primary.xml.gz                  100% |=========================| 37 KB     00:01
extras    : ##################################################### 164/164
Added 164 new packages, deleted 0 old in 1.83 seconds
Parsing package install arguments
Resolving Dependencies
--> Populating transaction set with selected packages. Please wait.
---> Downloading header for java-1.6.0-sun-compat to pack into transaction set.
java-1.6.0-sun-compat-1.6 1000% |=========================| 51 KB     00:01
---> Package java-1.6.0-sun-compat.i586 0:1.6.0.06-1jpp set to be updated
--> Running transaction check
--> Processing Dependency: jpackage-utils >= 0:1.7.3 for package: java-1.6.0-sun-compat
--> Restarting Dependency Resolution with new changes.
--> Populating transaction set with selected packages. Please wait.
---> Downloading header for jpackage-utils to pack into transaction set.
jpackage-utils-1.7.5-1jpp  100% |=========================| 22 KB     00:00
---> Package jpackage-utils.noarch 0:1.7.5-1jpp set to be updated
--> Running transaction check

Dependencies Resolved
===============================================================
 Package                Arch      Version         Repository                    Size
===============================================================
Installing:
 java-1.6.0-sun-compat  i586      1.6.0.06-1jpp   jpackage-generic-nonfree      56 KB
Updating for dependencies:
 jpackage-utils         noarch    1.7.5-1jpp      jpackage-generic              61 KB

Transaction Summary
===============================================================
Install      1 Package(s)
Update       1 Package(s)
Remove       0 Package(s)
Total download size: 117 KB
Downloading Packages:
(1/2): jpackage-utils-1.7  100% |=========================| 61 KB     00:01
(2/2): java-1.6.0-sun-com  100% |=========================| 56 KB     00:02
Running Transaction Test
Finished Transaction Test
Transaction Test Succeeded
```

第 2 章　NetFPGA 平台搭建指南

```
Running Transaction
  Updating:   jpackage-utils              ######################## [1/3]
  Installing: java-1.6.0-sun-compat       ######################## [2/3]
  Cleanup:    jpackage-utils              ######################## [3/3]

Installed: java-1.6.0-sun-compat.i586 0:1.6.0.06-1jpp
Dependency Updated: jpackage-utils.noarch 0:1.7.5-1jpp
Complete!
```

这些是正常的输出，它会先升级 yum 信息库，然后再检测要安装的源文件所需要的依赖关系，并把需要的、而系统又缺失的库文件一起下载并安装好。注意这里的"-y"参数不能少，否则系统不会自动检查依赖关系。这里网络连接的速度是在教育网内得到的。

使用如下命令检查 Java 是否已经选择了新安装的版本：

```
[#] # /usr/sbin/alternatives --config java
Expected Output
There are 2 programs which provide 'java'.

  Selection    Command
-----------------------------------------------
     1        /usr/lib/jvm/jre-1.4.2-gcj/bin/java
  *+ 2        /usr/lib/jvm/jre-1.6.0-sun/bin/java

Enter to keep the current selection[+], or type selection number:
```

2.3.2　rpmforge 安装

这里的操作系统是 Cent OS 4.4，所以下载下面的文件：

http://dag.wieers.com/packages/rpmforge-release/rpmforge-release-0.3.6-1.el4.rf.i386.rpm

如果操作系统使用的是 Cent OS 5.*，请安装如下文件：

http://apt.sw.be/redhat/el5/en/i386/RPMS.dag/rpmforge-release-0.3.6-1.el5.rf.i386.rpm

以下安装默认是 Cent OS 4.4。
安装 DAG's GPG 密钥：

```
[#] # rpm --import http://dag.wieers.com/rpm/packages/RPM-GPG-KEY.dag.txt
```

通过下面的方式检查所下载的包文件：

```
[#]# rpm -K rpmforge-release-0.3.6-1.el4.rf.i386.rpm
```

应该输出如下：

```
rpmforge-release-0.3.6-1.el4.rf.i386.rpm：(sha1) dsa sha1 md5 gpg OK
```

安装包文件：

```
[#]# rpm -i rpmforge-release-0.3.6-1.el4.rf.i386.rpm
```

可以通过如下方式测试：

```
[#]# yum check-update
```

应该输出如下：

```
Setting up repositories
rpmforge                    100% |=========================| 1.1 KB    00:00
Reading repository metadata in from local files
primary.xml.gz              100% |=========================| 3.7 MB    01:09
rpmforge   : ################################################ 10392/10392
Added 10392 new packages, deleted 0 old in 188.31 seconds

FreeWnn-libs.i386                   1:1.10pl020-6.el4         base
GConf2.i386                         2.8.1-2.el4               base
GConf2-devel.i386                   2.8.1-2.el4               base
...
```

由于输出内容太多，这里没有完整显示出来，最后的输出和最后 3 行是一样的形式。这个 rpmforge 安装很重要，之后 NetFPGA 基础开发包安装的时候会从这里找一些基础支持包。

2.3.3　NetFPGA 基础开发包安装

安装 NetFPGA yum repository 和 GPG 密码。首先确认操作系统是 Cent OS 4.* 还是 Cent OS 5.*，可以通过以下方式检测：

```
[#]# cat /etc/redhat-release
CentOS release 4.4 (Final)
```

接下来继续安装：

```
[#]# rpm -Uhv http://netfpga.org/yum/el4/RPMS/noarch/netfpga-repo-1-1_CentOS4.noarch.rpm
Retrieving http://netfpga.org/yum/el4/RPMS/noarch/netfpga-repo-1-1_CentOS4.noarch.rpm
warning: /var/tmp/rpm-xfer.ya3FTI: V3 DSA signature: NOKEY, key ID 9197a74b
Preparing...                ###########################################[100%]
   1:netfpga-repo           ###########################################[100%]
```

第 2 章　NetFPGA 平台搭建指南

接下来，安装 netfpga - base 包，这里强烈建议，在使用 yum 的时候，加上"-y"的参数。"-y"的参数，可以检查 netfpga - base 所依赖的包，并一起安装。其中，需要的 perl 支持包和 libnet 支持包都是 2.3.2 小节安装的 rpmforge 里包含的。

具体如下：

```
[root@localhost gbzhou]# yum -y install netfpga-base
Setting up Install Process
Setting up repositories
netfpga                     100% |=========================| 951 B    00:00
Reading repository metadata in from local files
primary.xml.gz              100% |=========================| 7.4 KB   00:00
netfpga    : ################################################## 52/52
Added 52 new packages, deleted 0 old in 0.93 seconds
Parsing package install arguments
Resolving Dependencies
--> Populating transaction set with selected packages. Please wait.
---> Downloading header for netfpga-base to pack into transaction set.
netfpga-base-1.2.5_2-_Cen   100% |=========================| 110 KB   00:01
    --> Package netfpga-base.i386 0:1.2.5_2-_CentOS4 set to be updated
--> Running transaction check
--> Processing Dependency: perl-XML-Simple for package: netfpga-base
--> Processing Dependency: perl-Error for package: netfpga-base
--> Processing Dependency: perl-Net-Pcap for package: netfpga-base
--> Processing Dependency: libnet for package: netfpga-base
--> Processing Dependency: netfpga-utils = 1.2.5_2 for package: netfpga-base
--> Processing Dependency: netfpga-kernel = 1.2.5_2 for package: netfpga-base
--> Processing Dependency: perl-Net-RawIP for package: netfpga-base
--> Processing Dependency: perl(Net::Pcap) for package: netfpga-base
--> Processing Dependency: perl(XML::Simple) for package: netfpga-base
--> Processing Dependency: perl(Error) for package: netfpga-base
--> Processing Dependency: netfpga_lib for package: netfpga-base
--> Processing Dependency: perl(Net::RawIP) for package: netfpga-base
--> Restarting Dependency Resolution with new changes.
--> Populating transaction set with selected packages. Please wait.
---> Downloading header for perl-Error to pack into transaction set.
perl-Error-0.17015-1.el4.   100% |=========================| 4.8 KB   00:00
    ---> Package perl-Error.noarch 0:0.17015-1.el4.rf set to be updated
---> Downloading header for netfpga-utils to pack into transaction set.
```

```
netfpga-utils-1.2.5_2-_Ce  100% |=========================| 8.0 KB    00:00
--->Package netfpga-utils.i386 0:1.2.5_2-_CentOS4 set to be updated
--->Downloading header for netfpga-kernel to pack into transaction set.
netfpga-kernel-1.2.5_2-_C  100% |=========================| 4.6 KB    00:00
--->Package netfpga-kernel.i386 0:1.2.5_2-_CentOS4 set to be updated
--->Downloading header for netfpga_lib to pack into transaction set.
netfpga_lib-1.1-2.i386.rp  100% |=========================| 4.9 KB    00:00
--->Package netfpga_lib.i386 0:1.1-2 set to be updated
--->Downloading header for libnet to pack into transaction set.
libnet-1.1.2.1-2.2.el4.rf  100% |=========================| 9.6 KB    00:00
--->Package libnet.i386 0:1.1.2.1-2.2.el4.rf set to be updated
--->Downloading header for perl-Net-RawIP to pack into transaction set.
perl-Net-RawIP-0.23-1.el4  100% |=========================| 7.2 KB    00:00
--->Package perl-Net-RawIP.i386 0:0.23-1.el4.rf set to be updated
--->Downloading header for perl-Net-Pcap to pack into transaction set.
perl-Net-Pcap-0.16-1.el4.  100% |=========================| 4.5 KB    00:00
--->Package perl-Net-Pcap.i386 0:0.16-1.el4.rf set to be updated
--->Downloading header for perl-XML-Simple to pack into transaction set.
perl-XML-Simple-2.18-1.el  100% |=========================| 3.5 KB    00:00
--->Package perl-XML-Simple.noarch 0:2.18-1.el4.rf set to be updated
-->Running transaction check

Dependencies Resolved

=================================================================
 Package              Arch       Version              Repository      Size
=================================================================
Installing:
 netfpga-base         i386       1.2.5_2-_CentOS4     netfpga         3.1 MB
Installing for dependencies:
 libnet               i386       1.1.2.1-2.2.el4.rf   rpmforge        228 KB
 netfpga-kernel       i386       1.2.5_2-_CentOS4     netfpga         36 KB
 netfpga-utils        i386       1.2.5_2-_CentOS4     netfpga         248 KB
 netfpga_lib          i386       1.1-2                netfpga         3.7 MB
 perl-Error           noarch     0.17015-1.el4.rf     rpmforge        27 KB
 perl-Net-Pcap        i386       0.16-1.el4.rf        rpmforge        114 KB
 perl-Net-RawIP       i386       0.23-1.el4.rf        rpmforge        120 KB
 perl-XML-Simple      noarch     2.18-1.el4.rf        rpmforge        72 KB
```

第 2 章 NetFPGA 平台搭建指南

```
Transaction Summary
================================================================
Install       9 Package(s)
Update        0 Package(s)
Remove        0 Package(s)

Total download size: 7.6 MB
Downloading Packages:
(1/9): perl-Error-0.17015      100%  |=========================|  27 KB   00:01
(2/9): netfpga-utils-1.2.      100%  |=========================| 248 KB   00:03
(3/9): netfpga-kernel-1.2      100%  |=========================|  36 KB   00:00
(4/9): netfpga_lib-1.1-2.      100%  |=========================| 3.7 MB   00:11
(5/9): libnet-1.1.2.1-2.2      100%  |=========================| 228 KB   00:04
(6/9): perl-Net-RawIP-0.2      100%  |=========================| 120 KB   00:00
(7/9): perl-Net-Pcap-0.16      100%  |=========================| 114 KB   00:00
(8/9): perl-XML-Simple-2.      100%  |=========================|  72 KB   00:00
(9/9): netfpga-base-1.2.5      100%  |=========================| 3.1 MB   00:10
warning: rpmts_HdrFromFdno: V3 DSA signature: NOKEY, key ID 9197a74b
Public key for netfpga-utils-1.2.5_2-_CentOS4.i386.rpm is not installed
Retrieving GPG key from file:///etc/pki/rpm-gpg/RPM-GPG-KEY-NETFPGA
Importing GPG key 0x9197A74B "NetFPGA <info@netfpga.org>"
Key imported successfully
Running Transaction Test
Finished Transaction Test
Transaction Test Succeeded
Running Transaction
  Installing: netfpga-kernel                    ######################## [1/9]

make -C /lib/modules/2.6.9-42.ELsmp/build M=/usr/local/NF2/lib/C/kernel
LDDINC=/usr/local/NF2/lib/C/kernel/../include modules

make[1]: Entering directory '/usr/src/kernels/2.6.9-42.EL-smp-i686'
  CC [M]  /usr/local/NF2/lib/C/kernel/nf2main.o
  CC [M]  /usr/local/NF2/lib/C/kernel/nf2_control.o
  CC [M]  /usr/local/NF2/lib/C/kernel/nf2util.o
  LD [M]  /usr/local/NF2/lib/C/kernel/nf2.o
  Building modules, stage 2.
  MODPOST
  CC      /usr/local/NF2/lib/C/kernel/nf2.mod.o
  LD [M]  /usr/local/NF2/lib/C/kernel/nf2.ko
```

```
make[1]: Leaving directory '/usr/src/kernels/2.6.9-42.EL-smp-i686'

make -C /lib/modules/2.6.9-42.ELsmp/build M=/usr/local/NF2/lib/C/kernel
LDDINC=/usr/local/NF2/lib/C/kernel/../include modules

make[1]: Entering directory '/usr/src/kernels/2.6.9-42.EL-smp-i686'
  Building modules, stage 2.
  MODPOST
make[1]: Leaving directory '/usr/src/kernels/2.6.9-42.EL-smp-i686'
install -m 644 nf2.ko /lib/modules/'uname -r'/kernel/drivers/nf2.ko

    Installing: perl-XML-Simple        ########################[2/9]
    Installing: perl-Net-Pcap          ########################[3/9]
    Installing: perl-Net-RawIP         ########################[4/9]
    Installing: libnet                 ########################[5/9]
    Installing: netfpga_lib            ########################[6/9]
    Installing: perl-Error             ########################[7/9]
    Installing: netfpga-base           ########################[8/9]
if [ -f "lib/Makefile" ] ; then \
    make -C lib ; \
fi
make[1]: Entering directory '/usr/local/NF2/lib'
make -C C
make[2]: Entering directory '/usr/local/NF2/lib/C'
make -C kernel
make[3]: Entering directory '/usr/local/NF2/lib/C/kernel'

make -C /lib/modules/2.6.9-42.ELsmp/build M=/usr/local/NF2/lib/C/kernel
LDDINC=/usr/local/NF2/lib/C/kernel/../include modules

make[4]: Entering directory '/usr/src/kernels/2.6.9-42.EL-smp-i686'
  Building modules, stage 2.
  MODPOST
make[4]: Leaving directory '/usr/src/kernels/2.6.9-42.EL-smp-i686'
make[3]: Leaving directory '/usr/local/NF2/lib/C/kernel'
########################[9/9]
make -C ../common
make[1]: Entering directory '/usr/local/NF2/lib/C/common'
cc     -c -o nf2util.o nf2util.c
```

```
gcc -fpic -c nf2util.c
gcc -shared nf2util.o -o libnf2.so
make[1]: Leaving directory '/usr/local/NF2/lib/C/common'
gcc -g    -c -o nf2_download.o nf2_download.c
gcc    nf2_download.o ../common/nf2util.o    -o nf2_download
install nf2_download /usr/local/bin
make -C ../common
make[1]: Entering directory '/usr/local/NF2/lib/C/common'
make[1]: Nothing to be done for 'all'.
make[1]: Leaving directory '/usr/local/NF2/lib/C/common'
gcc -g    -c -o regread.o regread.c
gcc    regread.o ../common/nf2util.o    -o regread
gcc -g    -c -o regwrite.o regwrite.c
gcc    regwrite.o ../common/nf2util.o    -o regwrite
install regread /usr/local/bin
install regwrite /usr/local/bin
make: Nothing to be done for 'all'.
install cpci_reprogram.pl /usr/local/sbin
make: Nothing to be done for 'all'.
install dumpregs.sh /usr/local/sbin
install loadregs.sh /usr/local/sbin
```

Installed: netfpga-base.i386 0:1.2.5_2-_CentOS4

Dependency Installed: libnet.i386 0:1.1.2.1-2.2.el4.rf netfpga-kernel.i386 0:1.2.5_2-_CentOS4 netfpga-utils.i386 0:1.2.5_2-_CentOS4 netfpga_lib.i386 0:1.1-2 perl-Error.noarch 0:0.17015-1.el4.rf perl-Net-Pcap.i386 0:0.16-1.el4.rf perl-Net-RawIP.i386 0:0.23-1.el4.rf perl-XML-Simple.noarch 0:2.18-1.el4.rf

Complete!

2.3.4 其他设置

安装到这里，NetFPGA 的基础开发包已经安装到系统中了；然后，创建所需要的 NF2 文件夹，可以运行如下 perl 脚本：

[#] # /usr/local/NF2/lib/scripts/user_account_setup/user_account_setup.pl

注意运行这个脚本时会在 root 目录下面生成 NF2 文件夹；如果 root 目录下已经有这个 NF2 目录，这个命令将会覆盖已有的目录，所以建议提前做好备份。同时这个 perl 脚本也会加入 NetFPGA 系统所需要的如下环境变量：
NF2_ROOT；
NF2_DESIGN_DIR；
NF2_WORK_DIR；
PYTHONPATH；
PERL5LIB。

接着重启系统，查看 NetFPGA 系统是否已经安装成功；接下来的步骤可以从 2.4.7 小节安装 NetFPGA 驱动开始。

2.4 NetFPGA 系统详细安装法

2.4.1 设置 Grub 参数

设置 grub.conf 文件，使得系统会给 NetFPGA 分配它所需要的内存，如图 2.23 所示。具体操作如下：

① 以 root 身份登录系统。

② 开启终端，输入如下：vim /boot/grub/grub.conf；或者可以直接浏览到该目录，以文本模式打开该文件，然后作以下修改。

③ 在 Kernel 一行之前加入这一行：uppermem 524288。

④ 在 Kernel 一行的末尾加入：vmalloc=256M。

注意："vmalloc=256M"这一句要和 Kernel 在同一行上。

保存该文件并退出。

重启系统后开启一个具有 root 权限的终端，输入命令：lspci。

应该看到如下输出：

##:##.# Ethernet controller: Unknown device feed:0001

第 1 个"#"号代表总线，第 2 个代表插槽。根据不同的主板和插槽，会有不一样的输出。只要有上面这句输出，就说明系统已经发现了 NetFPGA 这个硬件。

2.4.2 下载 NetFPGA 基础开发包

(1) 下载 beta 版本的安装包

具体名字为 netfpga_base_beta_1_0.tar.gz 和 netfpga_lib.tar.gz 两个开发包，地址如下：

http://netfpga.org/netfpgawiki/index.php/Guide#Obtaining_Gateware.2FSoftware_Package

第 2 章 NetFPGA 平台搭建指南

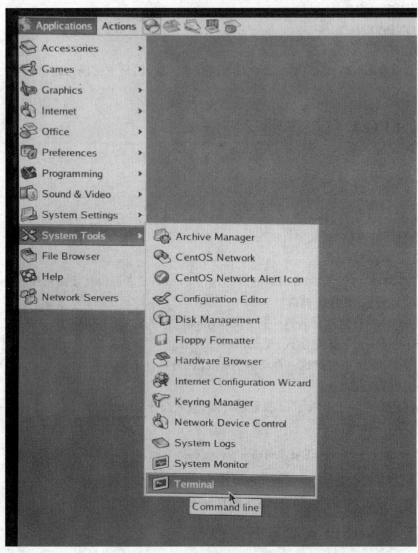

(a) 开启终端

图 2.23 设置 grub.conf 文件示意图

第 2 章　NetFPGA 平台搭建指南

```
# grub.conf generated by anaconda
#
# Note that you do not have to rerun grub after making changes to this file
# NOTICE: You have a /boot partition. This means that
#         all kernel and initrd paths are relative to /boot/, eg.
#         root (hd0,0)
#         kernel /vmlinuz-version ro root=/dev/sda2
#         initrd /initrd-version.img
#boot=/dev/sda
default=0
timeout=5
splashimage=(hd0,0)/grub/splash.xpm.gz
hiddenmenu
title CentOS-4 i386 (2.6.9-42.ELsmp)
        root (hd0,0)
        kernel /vmlinuz-2.6.9-42.ELsmp ro root=LABEL=/ rhgb quiet vmalloc=256M
        initrd /initrd-2.6.9-42.ELsmp.img
        uppermem 524288
title CentOS-4 i386-up (2.6.9-42.EL)
        root (hd0,0)
        kernel /vmlinuz-2.6.9-42.EL ro root=LABEL=/ rhgb quiet
        initrd /initrd-2.6.9-42.EL.img

"grub.conf" 22L, 749C written                                    18,16-23
```

```
# grub.conf generated by anaconda
#
# Note that you do not have to rerun grub after making changes to this file
# NOTICE: You have a /boot partition. This means that
#         all kernel and initrd paths are relative to /boot/, eg.
#         root (hd0,0)
#         kernel /vmlinuz-version ro root=/dev/VolGroup00/LogVol00
#         initrd /initrd-version.img
#boot=/dev/sda
default=0
timeout=5
splashimage=(hd0,0)/grub/splash.xpm.gz
hiddenmenu
title CentOS (2.6.9-42.0.10.EL)
        root (hd0,0)
        uppermem 524288
        kernel /vmlinuz-2.6.9-42.0.10.EL ro root=/dev/VolGroup00/LogVol00 rhgb q
uiet vmalloc=256M
        initrd /initrd-2.6.9-42.0.10.EL.img
title CentOS-4 i386 (2.6.9-42.EL)
        root (hd0,0)
        uppermem 524288
        kernel /vmlinuz-2.6.9-42.EL ro root=/dev/VolGroup00/LogVol00 rhgb quiet
:
```

(b) 在Kernel一行之前加入这一行:uppermem 524288

图 2.23　设置 grub.conf 文件示意图(续)

第 2 章　NetFPGA 平台搭建指南

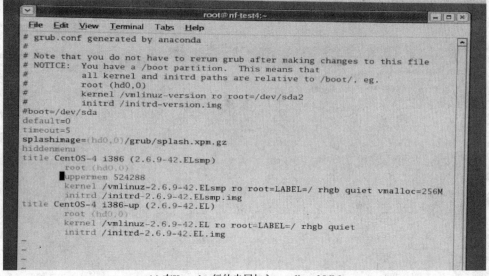

(c) 在Kernel一行的末尾加入:vmalloc=256M

图 2.23　设置 grub.conf 文件示意图(续)

(2) 使用下面方式来解压缩

[#]# tar -xvzf netfpga_base_beta_1_0.tar.gz

[#]# tar -xvzf netfpga_lib.tar.gz

这里默认读者解压缩到 home 目录。

2.4.3　设置环境变量

这里假设使用基于 bash 的终端,NetFPGA 系统需要以下几个环境变量：
NF2_ROOT；
NF2_DESIGN_DIR；
NF2_WORK_DIR；
PYTHONPATH；
PERL5LIB。
可以通过如下方式加入到系统中,其中"～"代表的是 home 目录。以后每次打开终端的时候,上面这些环境变量就会被加载到系统中。

[#]# cat ～/NF2/bashrc_addon >> ～/.bashrc

使用如下命令让它们立即生效：

[#]# source ～/NF2/bashrc_addon

2.4.4 检查是否安装了对应版本的 Linux 内核源代码

检查你的 Linux 内核源代码版本。如果安装系统的时候已经安装了 Linux 的内核源代码包,那么这一步是可以跳过的。

为了检查当前内核版本号,可以使用如下命令:

```
[#]# uname -r
```

应该输出为:

```
2.6.9-42.ELsmp
```

当然也可以通过 yum 来列出内核的版本号:

```
[#]# yum list | grep kernel-smp-devel
```

应该输出如下:

```
kernel-smp-devel.i686       2.6.9-42.ELsmp        installed
kernel-smp-devel.i586       2.6.9-55.0.9.ELsmp    update
kernel-smp-devel.i686       2.6.9-55.0.9.ELsmp    update
```

如果在对应当前内核版本的 kernel-smp-devel 后面没有出现 installed 的话,那么就需要安装内核源代码包了。具体的内核安装方式可以参考各个操作系统的网上说明。

2.4.5 安装 perl 支持包

通过这一步,你需要安装 rpmforge,才能使用 yum 来安装你的 perl 包。

```
[#]# yum -y install perl-Net-Pcap
[#]# yum -y install perl-Net-RawIP.i386
```

如果 perl-Net-RawIP.i386 没有的话,就装 perl-Net-IP.386。

```
[#]# yum -y install perl-Net-IP.i386
[#]# yum -y install perl-Error.noarch
[#]# yum -y install perl-XML-Simple
```

当然也可以下载这些安装包,然后一个一个单独安装。基本的方法是首先解压缩 perl tar 包,然后进入目录,输入如下命令:

```
[#]# perl Makefile.PL
[#]# make
[#]# make test
[#]# make install
```

通过这个方式,安装 NetFPGA 所需要的各个 perl 支持包。

第 2 章　NetFPGA 平台搭建指南

2.4.6　安装 Java

这一步与 2.3.1 小节方法一致。

2.4.7　安装 NetFPGA 驱动

(1) 编译驱动

命令如下：

[#] # cd ~/NF2/
[#] # make

应该输出如下：

```
make -C C
make[1]: Entering directory '/home/gac1/temp/NF2/lib/C'
make -C kernel
make[2]: Entering directory '/home/gac1/temp/NF2/lib/C/kernel'
make -C /lib/modules/2.6.9-55.0.9.ELsmp/build M=/home/gac1/temp/NF2/lib/C/kernel
LDDINC=/home/gac1/temp/NF2/lib/C/kernel/../include modules
make[3]: Entering directory '/usr/src/kernels/2.6.9-55.0.9.EL-smp-i686'
  Building modules, stage 2.
  MODPOST
make[3]: Leaving directory '/usr/src/kernels/2.6.9-55.0.9.EL-smp-i686'
make[2]: Leaving directory '/home/gac1/temp/NF2/lib/C/kernel'
make -C download
make[2]: Entering directory '/home/gac1/temp/NF2/lib/C/download'
make -C ../common
make[3]: Entering directory '/home/gac1/temp/NF2/lib/C/common'
make[3]: Nothing to be done for 'all'.
make[3]: Leaving directory '/home/gac1/temp/NF2/lib/C/common'
make[2]: Leaving directory '/home/gac1/temp/NF2/lib/C/download'
make -C reg_access
make[2]: Entering directory '/home/gac1/temp/NF2/lib/C/reg_access'
make -C ../common
make[3]: Entering directory '/home/gac1/temp/NF2/lib/C/common'
make[3]: Nothing to be done for 'all'.
make[3]: Leaving directory '/home/gac1/temp/NF2/lib/C/common'
make[2]: Leaving directory '/home/gac1/temp/NF2/lib/C/reg_access'
make -C router
make[2]: Entering directory '/home/gac1/temp/NF2/lib/C/router'
gcc -lncurses  cli.o ../common/nf2util.o ../common/util.o ../common/reg_defines.h    -o cli
gcc -lncurses  regdump.o ../common/nf2util.o ../common/reg_defines.h    -o regdump
```

```
gcc-lncurses   show_stats.o ../common/nf2util.o ../common/util.o ../common/reg_defines.h -o
show_stats
make[2]: Leaving directory '/home/gac1/temp/NF2/lib/C/router'
make[1]: Leaving directory '/home/gac1/temp/NF2/lib/C'
make -C scripts
make[1]: Entering directory '/home/gac1/temp/NF2/lib/scripts'
make -C cpci_reprogram
make[2]: Entering directory '/home/gac1/temp/NF2/lib/scripts/cpci_reprogram'
make[2]: Nothing to be done for 'all'.
make[2]: Leaving directory '/home/gac1/temp/NF2/lib/scripts/cpci_reprogram'
make -C cpci_config_reg_access
make[2]: Entering directory '/home/gac1/temp/NF2/lib/scripts/cpci_config_reg_access'
make[2]: Nothing to be done for 'all'.
make[2]: Leaving directory '/home/gac1/temp/NF2/lib/scripts/cpci_config_reg_access'
make[1]: Leaving directory '/home/gac1/temp/NF2/lib/scripts'
```

如果得到了如下错误:

"make: *** /lib/modules/2.6.9-42.ELsmp/build: No such file or directory. Stop.",

那么说明 Linux 的内核源代码包没有安装。

(2) 安装驱动

安装完并重启之后,驱动会装在 /lib/modules/'uname -r'/kernel/drivers/nf2.ko 目录下,命令如下:

```
[#]# make install
```

应该输出如下:

```
for dir in lib bitfiles projects/scone/base projects/selftest/sw?; do \
        make -C $dir install; \
done
make[1]: Entering directory '/home/gac1/temp/NF2/lib'
for dir in C scripts java/gui ; do \
        make -C $dir install; \
done
make[2]: Entering directory '/home/gac1/temp/NF2/lib/C'
for dir in kernel download reg_access router ; do \
        make -C $dir install; \
done
make[3]: Entering directory '/home/gac1/temp/NF2/lib/C/kernel'
make -C /lib/modules/2.6.9-55.0.9.ELsmp/build M=/home/gac1/temp/NF2/lib/C/kernel
LDDINC=/home/gac1/temp/NF2/lib/C/kernel/../include modules
```

```
make[4]: Entering directory '/usr/src/kernels/2.6.9-55.0.9.EL-smp-i686'
  Building modules, stage 2.
  MODPOST
make[4]: Leaving directory '/usr/src/kernels/2.6.9-55.0.9.EL-smp-i686'
install -m 644 nf2.ko /lib/modules/'uname -r'/kernel/drivers/nf2.ko /sbin/depmod -a
make[3]: Leaving directory '/home/gac1/temp/NF2/lib/C/kernel'
make[3]: Entering directory '/home/gac1/temp/NF2/lib/C/download'
install nf2_download /usr/local/bin
make[3]: Leaving directory '/home/gac1/temp/NF2/lib/C/download'
make[3]: Entering directory '/home/gac1/temp/NF2/lib/C/reg_access'
install regread /usr/local/bin
install regwrite /usr/local/bin
make[3]: Leaving directory '/home/gac1/temp/NF2/lib/C/reg_access'
make[3]: Entering directory '/home/gac1/temp/NF2/lib/C/router'
make[3]: Nothing to be done for 'install'.
make[3]: Leaving directory '/home/gac1/temp/NF2/lib/C/router'
make[2]: Leaving directory '/home/gac1/temp/NF2/lib/C'
make[2]: Entering directory '/home/gac1/temp/NF2/lib/scripts'
for dir in cpci_reprogram cpci_config_reg_access ; do \
        make -C $dir install; \
done
make[3]: Entering directory '/home/gac1/temp/NF2/lib/scripts/cpci_reprogram'
install cpci_reprogram.pl /usr/local/sbin
make[3]: Leaving directory '/home/gac1/temp/NF2/lib/scripts/cpci_reprogram'
make[3]: Entering directory '/home/gac1/temp/NF2/lib/scripts/cpci_config_reg_access'
install dumpregs.sh /usr/local/sbin
install loadregs.sh /usr/local/sbin
make[3]: Leaving directory '/home/gac1/temp/NF2/lib/scripts/cpci_config_reg_access'
make[2]: Leaving directory '/home/gac1/temp/NF2/lib/scripts'
make[2]: Entering directory '/home/gac1/temp/NF2/lib/java/gui'
make[2]: Nothing to be done for 'install'.
make[2]: Leaving directory '/home/gac1/temp/NF2/lib/java/gui'
make[1]: Leaving directory '/home/gac1/temp/NF2/lib'
make[1]: Entering directory '/home/gac1/temp/NF2/bitfiles'
for bitfile in CPCI_2.1.bit cpci_reprogrammer.bit ; do \
        install -D -m 0644 $bitfile /usr/local/NF2/bitfiles/$bitfile ; \
done
make[1]: Leaving directory '/home/gac1/temp/NF2/bitfiles'
make[1]: Entering directory '/home/gac1/temp/NF2/projects/scone/base'
make[1]: Nothing to be done for 'install'.
```

```
make[1]: Leaving directory '/home/gac1/temp/NF2/projects/scone/base'
make[1]: Entering directory '/home/gac1/temp/NF2/projects/selftest/sw'
make[1]: Nothing to be done for 'install'.
make[1]: Leaving directory '/home/gac1/temp/NF2/projects/selftest/sw'
```

2.4.8 验证是否安装成功

(1) 重启 Linux 系统

命令如下:

[#]# reboot

重启之后以 root 身份登录。

(2) 检查 NetFPGA 是否已经安装成功

使用如下方式检查 NetFPGA 是否已经安装成功:

[#]# lsmod | grep nf2

应该输出如下:

```
nf2                    28428  0
```

(3) 检查 NetFPGA 接口

命令如下:

[#]# ifconfig -a | grep nf2

应该输出如下:

```
nf2c0     Link encap:Ethernet   HWaddr 00:4E:46:32:43:00
nf2c1     Link encap:Ethernet   HWaddr 00:4E:46:32:43:01
nf2c2     Link encap:Ethernet   HWaddr 00:4E:46:32:43:02
nf2c3     Link encap:Ethernet   HWaddr 00:4E:46:32:43:03
```

2.4.9 执行 CPCI

运行这个 perl 脚本,以便初始化系统中的 NetFPGA:

[#]# cpci_reprogram.pl --all

应该输出如下:

```
Loading the CPCI Reprogrammer on NetFPGA 0
Loading the CPCI on NetFPGA 0
CPCI on NetFPGA 0 has been successfully reprogrammed
```

每次重启机器,在开始使用 NetFPGA 之前,都需要先运行一下 CPCI 来初始化 NetFPGA,所以也可以将这个脚本设置成开机自启动。

如果在做 selftest 或者 regress test 的时候,发现 NetFPGA 工作不正常,首先确认是否已经运行了 CPCI 脚本来初始化 NetFPGA。

2.5 安装 NetFPGA 开发工具——综合工具

2.5.1 ISE 版本规定

NetFPGA 系统需要的综合工具是 ISE9.1 sp3 Linux 版本和 IP sp3,这是它之前所支持的软件版本,同时也是作者使用的版本。如果读者按照本书开发自己的系统,特别是使用 2.4 节中详细安装方法的话,建议使用 ISE9.1.03。

如果使用快速安装方法来进行安装的话,比如安装了 NetFPGA 最新的代码包,建议使用 ISE9.2 sp4 和 IP sp2。根据 NetFPGA 官方网站的最新消息,目前 ISE10.1.x 版本的工具也支持 NetFPGA 的源代码的设计。

2.5.2 Linux 如何安装 ISE9.1.03

如何安装呢?一般大家会习惯性地打开软件安装包所在文件,单击 setup.exe 然后开始安装。确实,如果系统支持的话,在 Linux 系统也完全可以这么开始安装;但是如果系统不支持的话,可能就什么信息都没有反馈了,所以建议大家在终端里面运行这个 setup 文件。其实这个 setup 文件是一个 sh 脚本,它会先检查当前系统是否符合安装 ISE 的要求,并将安装过程中的信息显示在终端中,比如在终端中输入如下:

```
[root@localhost ISE9.1]# ls
3rdpartyinstalls  bin     idata   setup.exe  xinfo.exe
autorun.inf       data    setup   xinfo
[root@localhost ISE9.1]# ./setup
```

之前系统如果选择了全部安装,这里应该马上就会弹出一个 ISE9.1 的安装界面,开始安装就可以了。如果这里出现如下的错误:

```
xilsetup: : error while loading shared libraries: libstdc++.so.5: cannot open shared object file: No such file or directory
```

那说明系统缺少 ISE 安装必要的一个组建:libstdc++.so.5。出现这个问题也不要紧,使用 yum 安装一下就可以了,可以使用如下命令:

```
[#]# yum -y install libstdc++.so.5
```

第 2 章　NetFPGA 平台搭建指南

接下来的界面和 Windows 系统下安装的界面是一样的。
输入注册码,如图 2.24 所示。

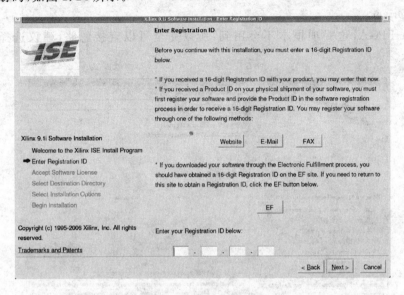

图 2.24　输入注册码

安装路径任选,这里安装在 root 目录下,如图 2.25 所示。

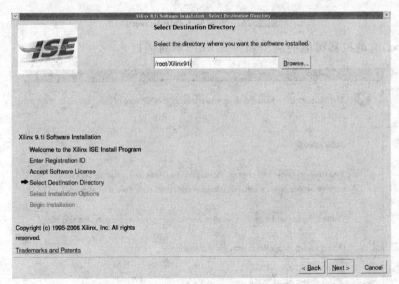

图 2.25　选择安装路径

这里可以取消 Cable Driver,因为 NetFPGA 无需这一项。另外对于 Cent OS 4.4 来说,

第 2 章　NetFPGA 平台搭建指南

从 ISE9.1 到 ISE10.1，Cable Driver 都是支持的，无需额外再做操作，可以直接选择。但是对于 Cent OS 5.*来说，是无法直接安装的，还需要额外安装 fxload 这个小软件包，才能正常地安装 Cable Driver。

对于 NetFPGA，这一项根本不会用到，所以完全可以直接忽略，建议选择不安装，如图 2.26 所示。

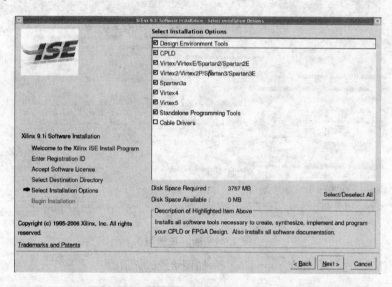

图 2.26　不安装 Cable Drivers

单击 Next，有的机器可能会跳出如图 2.27 所示对话框。

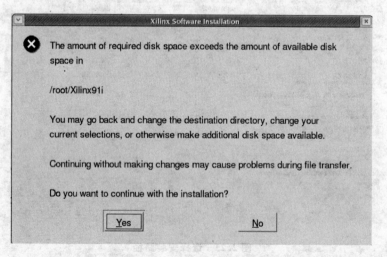

图 2.27　可能跳出的对话框

单击 Yes 来继续安装。

接着选择默认的设置,如图 2.28 所示。注意不要选择 Launch WebUpdate。

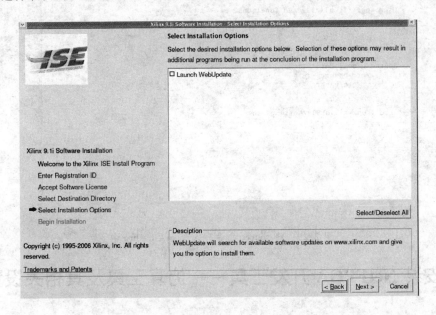

图 2.28 选择默认设置

接下来继续安装就可以了。安装好之后设置环境变量,就可以使用了。

使用同样的方式安装 ISE9.1_IPupdate3 和 ISE_sp3_Linux 升级包。如果读者使用 ISE9.2,其安装方式是一样的。

2.5.3 如何设置环境变量

Linux 系统中 ISE 安装好之后,不会自动添加环境变量到系统中,需要自己设置。

如果只是某次在终端中使用,可以直接使用 source 命令,如下:

[#]# source /root/Xilinx91i/settings.sh

具体的路径根据安装 ISE 目录的不同而不同。

这里可以将这句话加入到系统的环境变量中,这样每次打开终端时 ISE 就可以使用了。具体的做法是把上面的这个命令写入/root/.bashrc,如图 2.29 所示,命令如下:

[#]# vi /root/.bashrc

如果之前已经安装了 NetFPGA 的系统,那么这里同时会有 NetFPGA 所需要的环境变量。

第 2 章　NetFPGA 平台搭建指南

图 2.29　将 source 命令写入 /root/.bashrc 中

2.6　安装 NetFPGA 开发工具——仿真工具及其相关设置

2.6.1　ModelSim 的安装

如果需要对 NetFPGA 系统进行行为级仿真，需要安装 ModelSim 软件。具体的安装方式大家可以参考 ModelSim 官方网站上的安装指南，这里不再赘述。在此需要的是 SE6.2G Linux 版本。

2.6.2　安装内存仿真模块

（1）Micron DDR2 SDRAM

从 Micron 下载所需要的仿真支持包，具体地址如下：

http://download.micron.com/downloads/models/verilog/sdram/ddr2/256Mb_ddr2.zip

解压缩之后将 ddr2_parameters.vh 和 ddr2.v 这两个文件复制到 $NF2_ROOT/lib/verilog/common/src21 的 NetFPGA 目录下。

（2）Cypress SRAM

从 Cypress 网站上下载以下文件，地址如下：

http://download.cypress.com.edgesuite.net/design_resources/models/contents/cy7c1370d_verilog_10.zip

解压缩之后将 cy7c1370d.v 这个文件复制到 $NF2_ROOT/lib/verilog/common/src21 的 NetFPGA 目录下；并将 cy7c1370d.v 重命名为 cy7c1370.v；最后还需要在 u_board.v (located at $NF2_ROOT/lib/verilog/testbench/)这个文件的第 13 行加上"define sb200"。

如此内存仿真支持模块就都安装好了。

2.7 安装 NetFPGA 开发工具——调试工具

如果需要对 NetFPGA 内部的信号进行调试,那么就需要安装 Chipscope Pro 软件。具体的安装方式和 ISE 在 Linux 下安装的方式一致。这里需要注意的是,Chipscope Pro 和 ISE 的版本要相同。比如如果安装了 ISE9.1,那么 Chipscope Pro 也必须要安装 9.1 版本;如果安装了 ISE9.2,那么就要安装 9.2 版本的 Chipscope Pro 了。

2.8 NetFPGA 的测试

通过 NetFPGA 的 selftest 这个测试,可以保证系统中 NetFPGA 的各部分硬件是好的。所有的 NetFPGA 在出厂之前都要保证可以通过 selftest。

这里提供两种 selftest 的版本:第 1 种是现在 NetFPGA 官网上推荐的一个方式,比较简单快速;第 2 种是老版本的测试方式,在测试时候可以看到更多硬件的信息。

2.8.1 selftest 版本 1

(1) SATA 线连接

使用一个普通的 SATA 线连接 NetFPGA,组成一个环路,如图 2.30 所示。

图 2.30 SATA 线连接

第 2 章　NetFPGA 平台搭建指南

注意跳线设置，SW4：1=ON，2=OFF。

初始化 NetFPGA 需要 7.5 W 以上的功率，把 NetFPGA 放入一个空的 PCI 插槽中。

(2) 网线连接

使用普通的网线，非交叉线，如图 2.31 所示连接 NetFPGA。

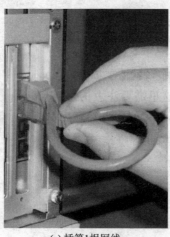
(a) 插第1根网线

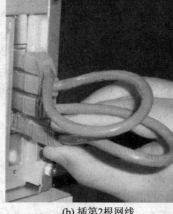
(b) 插第2根网线

图 2.31　selftest 测试网线连接

(3) 开始 selftest

命令如下：

[#]# nf2_download ~/NF2/bitfiles/selftest.bit

如果连接了 SATA 口，使用如下命令测试：

[#]# ~/NF2/projects/selftest/sw/selftest

否则使用如下命令：

[#]# ~/NF2/projects/selftest/sw/selftest -n

应该输出：

Found net device: nf2c0
NetFPGA selftest 1.00 alpha
Running..... PASSED

2.8.2　selftest 版本 2

(1) selftest package

下载 bit 包，地址如下：

http://netfpga.org/orig/alpha/NetFPGA_Self_Test_Procedure/nf2_setup_20070918.tar.gz

这个包创建于 2007 年的 9 月。将此压缩包解压到 root 目录中：

[#]# cd /root
[#]# tar -zxvf nf2_selftest_20070918.tar.gz

(2) 检查 NetFPGA 各个接口的连接

这里 NetFPGA 各个接口的连接方式和 selftest 版本 1 中的连接方式一样。请将 SATA 线连接好。

(3) 下载 FPGA bit 文件

先编译用于 NetFPGA 下载的程序 nf2_download。如果之前 NetFPGA 的驱动已经安装了，那么这个 nf2_download 工具应该已经有了。

运行 CPCI 脚本来初始化 NetFPGA 系统：

[#]# cpci_reprogram.pl --all

下载 bit 文件：

[#]# nf2_download bitfiles/selftest_20070918.bit
[#]# cd nf2_selftest_20070918/selftest/sw
[#]# ./selftest

接下来整个界面就会变成如图 2.32 所示形式，可以输入 Q 来停止。它会检测 SRAM、DRAM 的储存器，同时检测物理接口等诸多接口。

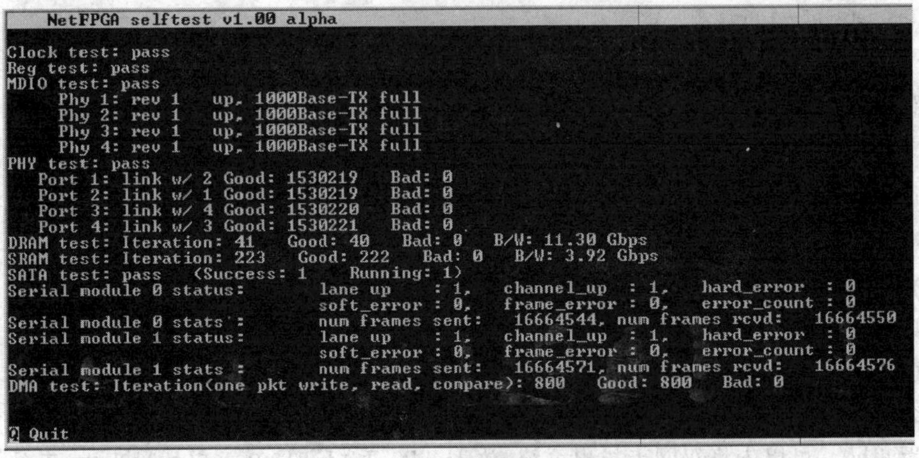

图 2.32 运行 CPCI 脚本初始化 NetFPGA 系统后的界面

2.8.3 regress test

regress test 是一组测试 NetFPGA 各项功能的测试文件。在一个比较快的机器上,大概需要运行 10 分钟。这个测试所涉及的各项功能是 NetFPGA 官方网站确保可以使用的功能,同时它们会提供各项支持。

在运行 regress test 之前,确保已经通过了 selftest。除此之外,还需要做以下几个设置。

(1) 关闭 IPv6 功能

由于 NetFPGA 不支持 IPv6 功能,所以需要将系统中的 IPv6 功能去除。可以通过下面的方式来检验系统是否已经开启了 IPv6 功能,使用如下命令:

[#]# /sbin/ifconfig

应该输出如下信息:

sit0 Link encap:IPv6 - in - IPv4
NOARP MTU:1480 Metric:1
RX packets:0 errors:0 dropped:0 overruns:0 frame:0
TX packets:0 errors:0 dropped:0 overruns:0 carrier:0
collisions:0 txqueuelen:0
RX bytes:0 (0.0 b) TX bytes:0 (0.0 b)

如果出现如上的一段信息,那么说明系统是开启了 IPv6 的功能,需要将其关闭。切记,请勿使用 GUI 来关闭 IPv6 功能。使用命令行方式,其实很简单,在/etc/modprobe.conf 文件末尾加上两行:

alias net - pf - 10 off
alias ipv6 off

这种方式,曾经用于 2008 年 4 月 NetFPGA 全球讲座 Beijing Workshop 的实验室环境搭建中。关于 Cent OS 下 IPv6 功能的详细细节请参考这里:

http://www.generationip.com/documentation/system - documentation/37 - system - documentation/73 - ipv6 - configuration - on - redhat - centos - fedora

(2) 确认 Intel 的双网口网卡的两个网口分别是 eth1 和 eht2

如果系统中没有识别主板的网卡,那么系统会把 Intel 的双网卡识别成一个 eth0 和一个 eth1。而 NetFPGA 的 demo 中,需要这两个网口的名字分别是 eth1 和 eth2。

那么如何修改呢?最简单的方法就是,将 2.1.4 小节所说的 TP - Link 8139 网卡放入系统中充当 eth0。可以先将双网卡拔出系统,放入 TP - Link 8139;重启的过程中,系统会检查当前硬件改动,将 Intel 双网卡的配置删除,并按照提示添加 TP - Link 8139 网卡配置。机器启动之后 eth0 就变成 TP - Link 8139 了;之后再插入 Intel 双网卡的时候,机器就能把它们识别成 eth1 和 eth2。

这里再介绍另外一个方法,对于 Cent OS 机器可以使用如下方式修改这些名字。首先可以在系统中的/etc/sysconfig/network-scripts 目录下找到 ifcfg-eth0、ifcfg-eth1 等文件；可以通过修改它们来实现修改网卡的名字。

比如要把 eth0 修改成 eth1,那么可以这么做:首先将 ifcfg-eth1 和 ifcfg-eth0 都备份一下,然后复制 ifcfg-eth0 备份文件,并重命名为 ifcfg-eth1；然后打开它,将里面的 DEVICE 修改成 eth1,这样就可以了。

使用同样的方法可以修改 eth1 为 eth2。

(3) 网线连接

网线连接方法如图 2.33 所示,连接 eth1 到 nf2c0(c0 是最接近主板的那个口,往上依次是 c1,c2,c3)；连接 eth2 到 nf2c1。注意这里的 eth1 和 eth2 可能因为不同机器而不同。

图 2.33　regress test 网线连接

(4) 以 root 身份登录图形界面

因为之后我们需要测试 NetFPGA 的 GUI,所以这里需要图形界面的支持。一般来说,登

第 2 章　NetFPGA 平台搭建指南

录的都是 gnome 界面或者 KDE 界面。

(5) 下载 bit 文件

下载 bit 文件到 NetFPGA 系统中,使用如下命令:

```
[#]# nf2_download ~/NF2/bitfiles/reference_router.bit
```

应该输出如下信息:

```
Found net device: nf2c0
Bit file built from: nf2_top_par.ncd
Part: 2vp50ff1152
Date: 2007/10/ 9
Time: 22: 3: 4
Error Registers: 1000000
Good, after resetting programming interface the FIFO is empty
Download completed -  2377668 bytes. (expected 2377668).
DONE went high - chip has been successfully programmed.
```

当然也可以下载 reference_nic.bit 文件进行测试。

(6) 开始运行 regress test

这一过程大概需要 10 分钟的时间,具体时间根据主机硬件性能的好坏会有不同。使用如下命令:

```
[#]# ~/NF2/bin/nf21_regress_test.pl
```

正常应该输出如下信息:

```
Running tests on project 'driver'...
    Running test 'driver_compile'... PASS
    Running test 'driver_install'... PASS
    Running test 'verify_mtu'... PASS
    Running global teardown... PASS

Running tests on project 'reference_nic'...
    Running test 'download_nic'... PASS
    Running test 'test_loopback_random'... PASS
    Running test 'test_loopback_minsize'... PASS
    Running test 'test_loopback_maxsize'... PASS
    Running test 'test_loopback_drop'... PASS
    Running test 'test_ip_interface'... PASS
    Running global teardown... PASS
```

```
Running tests on project 'reference_router'...
    Running global setup... PASS
    Running test 'test_router_cpusend/run.pl'... PASS
    Running test 'test_wrong_dest_mac'... PASS
    Running test 'test_nonip_packet'... PASS
    Running test 'test_nonipv4_packet'... PASS
    Running test 'test_invalidttl_packet'... PASS
    Running test 'test_lpm_misses'... PASS
    Running test 'test_arp_misses'... PASS
    Running test 'test_badipchecksum_packet'... PASS
    Running test 'test_ipdest_filter_hit'... PASS
    Running test 'test_packet_forwarding'... PASS
    Running test 'test_lpm'... PASS
    Running test 'test_lpm_next_hop'... PASS
    Running test 'test_queue_overflow'... PASS
    Running test 'test_oq_limit'... PASS
    Running test 'test_ipdest_filter'... PASS
    Running test 'test_oq_sram_sz_cpu'... PASS
    Running test 'test_oq_sram_sz_mac'... PASS
    Running test 'test_router_table/run.pl'... PASS
    Running test 'test_send_rec/run.pl'... PASS
    Running test 'test_lut_forward'... PASS
    Running global teardown... PASS

Running tests on project 'scone'...
    Running global setup... PASS
    Running test 'test_build'... PASS
    Running test 'test_mac_set'... PASS
    Running test 'test_ip_set'... PASS
    Running test 'test_rtable_set'... PASS
    Running test 'test_disabled_interfaces/run.pl'... PASS
    Running test 'test_noniparp_ethtype'... PASS
    Running test 'test_arp_rpl/run.pl'... PASS
    Running test 'test_arp_norpl/run.pl'... PASS
    Running test 'test_arp_quepkt/run.pl'... PASS
    Running test 'test_ip_error/run.pl'... PASS
    Running test 'test_ip_rtblmiss/run.pl'... PASS
    Running test 'test_ip_intfc/run.pl'... PASS
    Running test 'test_ip_checksum/run.pl'... PASS
```

```
Running test 'test_ttl_expired/run.pl'... PASS
Running test 'test_send_receive/run.pl'... PASS
Running test 'test_arp_req/run.pl'... PASS
Running test 'test_tcp_port/run.pl'... PASS
Running test 'test_udp_packet/run.pl'... PASS
Running test 'test_icmp_echo/run.pl'... PASS
Running test 'test_icmp_notecho/run.pl'... PASS
Running global teardown... PASS

Running tests on project 'gui_scone'...
Running global setup... PASS
Running test 'test_main_frame'... PASS
Running test 'test_routing_table'... PASS
Running test 'test_arp_table'... PASS
Running test 'test_port_config_table'... PASS
Running global teardown... PASS

Running tests on project 'router_kit'...
Running global setup... PASS
Running test 'test_00_make/run.sh'... PASS
Running test 'test_01_ip_dst_filter/run.pl'... PASS
Running test 'test_02_route_table/run.pl'... PASS
Running test 'test_03_arp_table/run.pl'... PASS
Running test 'test_04_ip_packets/run.pl'... PASS
Running global teardown... PASS

Running tests on project 'router_buffer_sizing'...
Running global setup... PASS
Running test 'test_time_stamp/run'... PASS
Running test 'test_store_event/run'... PASS
Running global teardown... PASS
```

如果所有的测试都通过了,都显示 PASS,那么说明你的 NetFPGA 系统已经搭建起来了,可以运行其他的 demo 程序了。从作者的使用来看,这些测试脚本部分写得非常敏感,所以如果只有一两个没有通过,也没有大碍;或者可以使用 CPCI 再初始化一次,然后继续运行 regress test。

(7) 使用新综合生成的 bit 文件来运行 regress test

如果安装了 ISE 综合工具,那么可以使用它来生成新的 bit 文件。如果只是对 NetFPGA 上层的软件感兴趣的话,这一步可以跳过,另外之前综合工具的安装都是可以直接跳过的。

(8) 从源代码综合 reference_nic bit 文件

这一过程需要大概 45~60 分钟的时间来完成整个综合、布局布线等。使用如下命令：

```
[#]# cd ~/NF2/projects/reference_nic/synth
[#]# time make
```

这里加入 time 这个命令，可以显示整个 make 过程使用了多少时间。

(9) 检查新的 bit 是否已经生成

使用如下命令：

```
[#]# ls | grep nf2_top_par.bit
```

正常应该输出如下：

```
nf2_top_par.bit
```

(10) 下载新的 bit 文件

使用如下命令下载新的 bit 文件：

```
[#]# nf2_download nf2_top_par.bit
```

(11) 再次运行 regress test

使用如下命令：

```
[#]# ~/NF2/bin/nf21_regress_test.pl
```

正常应该输出如下：

```
Running tests on project 'driver'...
    Running test 'driver_compile'... PASS
    Running test 'driver_install'... PASS
    Running test 'verify_mtu'... PASS
    Running global teardown... PASS

Running tests on project 'reference_nic'...
    Running test 'download_nic'... PASS
    Running test 'test_loopback_random'... PASS
    Running test 'test_loopback_minsize'... PASS
    Running test 'test_loopback_maxsize'... PASS
    Running test 'test_loopback_drop'... PASS
    Running test 'test_ip_interface'... PASS
    Running global teardown... PASS

Running tests on project 'reference_router'...
```

第 2 章 NetFPGA 平台搭建指南

```
    Running global setup... PASS
    Running test 'test_router_cpusend/run.pl'... PASS
    Running test 'test_wrong_dest_mac'... PASS
    Running test 'test_nonip_packet'... PASS
    Running test 'test_nonipv4_packet'... PASS
    Running test 'test_invalidttl_packet'... PASS
    Running test 'test_lpm_misses'... PASS
    Running test 'test_arp_misses'... PASS
    Running test 'test_badipchecksum_packet'... PASS
    Running test 'test_ipdest_filter_hit'... PASS
    Running test 'test_packet_forwarding'... PASS
    Running test 'test_lpm'... PASS
    Running test 'test_lpm_next_hop'... PASS
    Running test 'test_queue_overflow'... PASS
    Running test 'test_oq_limit'... PASS
    Running test 'test_ipdest_filter'... PASS
    Running test 'test_oq_sram_sz_cpu'... PASS
    Running test 'test_oq_sram_sz_mac'... PASS
    Running test 'test_router_table/run.pl'... PASS
    Running test 'test_send_rec/run.pl'... PASS
    Running test 'test_lut_forward'... PASS
    Running global teardown... PASS

Running tests on project 'scone'...
    Running global setup... PASS
    Running test 'test_build'... PASS
    Running test 'test_mac_set'... PASS
    Running test 'test_ip_set'... PASS
    Running test 'test_rtable_set'... PASS
    Running test 'test_disabled_interfaces/run.pl'... PASS
    Running test 'test_noniparp_ethtype'... PASS
    Running test 'test_arp_rpl/run.pl'... PASS
    Running test 'test_arp_norpl/run.pl'... PASS
    Running test 'test_arp_quepkt/run.pl'... PASS
    Running test 'test_ip_error/run.pl'... PASS
    Running test 'test_ip_rtblmiss/run.pl'... PASS
    Running test 'test_ip_intfc/run.pl'... PASS
    Running test 'test_ip_checksum/run.pl'... PASS
    Running test 'test_ttl_expired/run.pl'... PASS
```

```
    Running test 'test_send_receive/run.pl'... PASS
    Running test 'test_arp_req/run.pl'... PASS
    Running test 'test_tcp_port/run.pl'... PASS
    Running test 'test_udp_packet/run.pl'... PASS
    Running test 'test_icmp_echo/run.pl'... PASS
    Running test 'test_icmp_notecho/run.pl'... PASS
    Running global teardown... PASS

Running tests on project 'gui_scone'...
    Running global setup... PASS
    Running test 'test_main_frame'... PASS
    Running test 'test_routing_table'... PASS
    Running test 'test_arp_table'... PASS
    Running test 'test_port_config_table'... PASS
    Running global teardown... PASS

Running tests on project 'router_kit'...
    Running global setup... PASS
    Running test 'test_00_make/run.sh'... PASS
    Running test 'test_01_ip_dst_filter/run.pl'... PASS
    Running test 'test_02_route_table/run.pl'... PASS
    Running test 'test_03_arp_table/run.pl'... PASS
    Running test 'test_04_ip_packets/run.pl'... PASS
    Running global teardown... PASS

Running tests on project 'router_buffer_sizing'...
    Running global setup... PASS
    Running test 'test_time_stamp/run'... PASS
    Running test 'test_store_event/run'... PASS
    Running global teardown... PASS
```

第 2 篇

近观 NetFPGA

- 深入浅出 Router 硬件
- 深入浅出 Router 软件

第 3 章

深入浅出 Router 硬件

经过前面章节的学习,你是否已经跃跃欲试,准备在 NetFPGA 平台上大显身手?勿在浮沙筑高台,掌握 NetFPGA 的安装和硬件资源仅仅是迈向成功的第 1 步。

假如你是初次使用 NetFPGA 开发产品的设计工程师,你将如何选择第 1 个项目?如何分配和利用平台上的各种资源?如何构建你的系统架构?如何完成系统的最终调试?如此之多的问题让你无所适从,一头雾水。不要着急,设计小组已经在 NetFPGA 开发平台上实现了一个 4 端口的 Gigabit IPv4 路由器,让我们一步步地解答心中的疑惑!

3.1 为什么是 Router

一些设备生产商希望 FPGA 能在路由器中扮演更重要的角色,将 NPU(网络处理器)的功能集成到可编程的逻辑架构内。

——Mike Santarini

上面这段话摘自 Xcell Journal 杂志发行人 Mike 先生在 Xilinx 中国通信的封面文章。众所周知,IP 网络互联的核心设备是路由器,作为不同网络之间互相连接的枢纽,路由器构成了 Internet 的骨架,同时也是集中体现网络新技术的设备。它以 TCP/IP 协议族中的一系列协议为基础,不仅能够快速分析当前网络拓扑结构,并据此寻找最优的转发路径,而且在网络管理、网络安全等方面也发挥了重要的作用。可以说,路由器技术就是 Internet 技术的核心。

在每个交叉点或中心,路由器必须从数据包中读取目的地址、数据大小等信息,根据具体的网络流量状况决定最快的路线,然后再将这些数据包转发到下一站。为了正确地处理数据包,路由器必须能支持多种协议,实际上它们必须支持一个数据包的多种传统协议及新协议。而且,在运营商们争相希望自己能更高效、更安全地传输这些数据的过程中,还不可避免地需要进行一系列改进和修改。正因为如此,能否及时修改硬件和功能就显得非常重要——使电信设备可以充分利用新协议的优势。FPGA 使用户可以灵活地修改硬件,而且可以在现场进行修改,在软件域内测试软件功能,然后在 FPGA 中通过硬件实现算法,进而加快修改和测试速度。

第3章 深入浅出 Router 硬件

随着 FPGA 技术像摩尔定律规定的那样不断前进,它变得更适合有线通信应用。在不久的将来,网络设备设计人员会让 FPGA 在它们的设计中扮演更重要的角色。NetFPGA 设计的初衷是满足网络系统教学和研究的需要,以路由器作为最初的设计范例是再合适不过了。

3.2 纵观 Router Architecture

如何在 NetFPGA2.1 开发平台上实现一个支持 IPv4 协议的 Router 呢?

读者可以先想一想。

1995 年 Fred Baker 在总结前人工作的基础上,提出了基于 IPv4 路由器的基本体系结构,详细描述了路由器运行的协议、必须或可能实现的功能、具备的特征等。总而言之,无论路由器如何发展,必须具有两个最基本的功能:与邻近的路由器交换路由信息、计算最短路由;转发每个到达的数据包。

图 3.1 给出了路由器的基本结构。可以看出,整个路由器主要由 4 个功能模块组成,分别是输入/输出网络接口、转发引擎以及路由引擎。

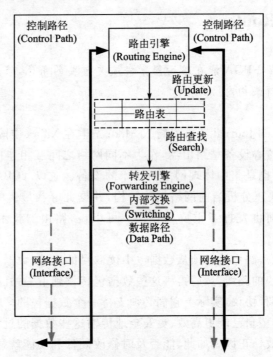

图 3.1 路由器的基本结构

- 输入/输出网络接口是物理链路的连接点,完成网络数据包的接收和发送工作。

第 3 章 深入浅出 Router 硬件

- 转发引擎是用于实现高速路由查找的专用硬件,转发引擎中有局部转发表。转发引擎主要负责决定数据数据包的转发路径。
- 路由引擎的主要功能是计算路由表,运行各种路由协议,运行软件来配置和管理路由器,保证整个路由器能够可靠稳定的工作。

不知你是否已经有了如何设计 IPv4 路由器的思路,让我们先来看看 Reference Router。这是一个简单而又完整的系统实例,设计中包含了 Router 的所有必要元素,其系统框架如图 3.2 所示。

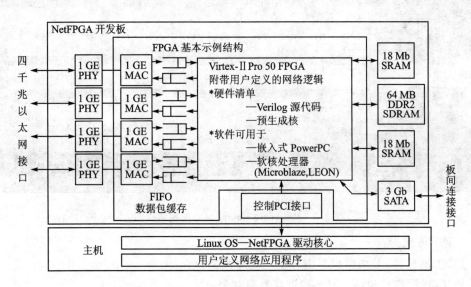

图 3.2 Reference Router 系统框图

系统功能划分是这样的:

- 4 个 RJ45 接口完成路由器与千兆以太网的连接,PHY 芯片(BCM5464)完成物理层的数据处理,即输入/输出网路接口。
- UserFPGA 芯片 XC2VP50 完成 Packet 线速处理和转发,即路由转发引擎。
- PC 机的应用层软件实现路由协议,对路由器进行配置和管理,同时还处理那些不能正常转发的 Packet(这里也包括带 IP 选项和 IP 包头验证出错的数据包),即路由引擎。
- ControlFPGA 芯片 XC2S200 完成 PCI 总线接口控制。
- UFPGA 和 PC 机通过 PCI 总线交换信息和传递 Packet。需要说明的是 Reference Router 中只使用了存储资源中的 18 Mb SRAM,用来实现 Packet 的输出缓存。
- PC 机上的驱动程序和用户软件来配置和管理 NetFPGA 的正常工作。

如果说图 3.2 是对 Reference Router 的俯瞰,那么图 3.3 则展示了 Router 的纵向层次结构。

第 3 章　深入浅出 Router 硬件

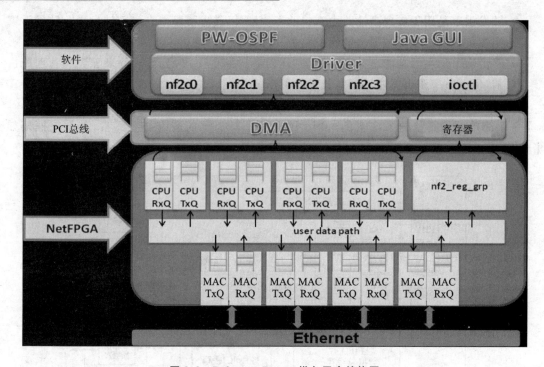

图 3.3　Reference Router 纵向层次结构图

从上到下依次为：
- PC 上的软件，分为用户界面和驱动程序两部分；
- PCI 总线接口，包括 DMA 和寄存器两部分；
- NetFPGA 平台，主要是 UFPGA 上的硬件设计和 PHY 的物理层数据处理，前者是本章讨论的主要内容。

作者的话：在 Reference Router 基础上进行后续开发的主要工作包括 UFPGA 上的硬件设计、PC 机上的驱动程序和上层应用软件 3 部分。

3.3　硬件设计结构的思考

夏宇闻老师曾经讲过："复杂数字系统的设计是一个把算法转化为实际数字逻辑电路的过程，同一个算法可以有多种结构的数字逻辑电路来实现，一个优秀的有经验的设计师，能通过硬件描述语言的顶层仿真较快地确定合理的系统电路架构，减少因总体结构设计不合理而造成的反工。"

在撰写本节时作者甚是惶恐不安，UFPGA 内的硬件设计实乃重中之重。最初的目的是想把自己在学习及应用 Router HW（Hardware，Reference Router 硬件设计）时的一些经历回顾一下，以便对后学者有所帮助，也希望后来者能少走一些弯路；但又怕自己的介绍有轻有重，影响读者的思绪。不管怎样，作者提供的是对 Router HW 的每一个实现细节的深入探讨，其中涉及 module 的重用性、统一的总线接口、module 间的流水线设计以及 module 内部的并行设计。

如何在 FPGA 上实现一个包含 Packet 链路层处理和转发功能的 IP core 呢？如何组织其内部结构呢？

读者想一想。

要了解 Router HW 的内部结构，先来看看设计的最顶层 module nf2_top（与 C 程序中的 main 函数类似，其端口信号将会映射到 UFPGA 的引脚上）。在这个 module 中有系统时钟的实现、RGMII 接口缓冲模块（rgmii_io）以及 nf2_core 的实例化。nf2_core 就是实现 Router 功能的 IP core，其中包含了 Reference Router 硬件设计的细节。

作者的话：rgmii_io 是个很有意思的模块，对实际设计中的 I/O 处理有一定的启发。

从 nf2_core 中可以清楚地看到 Router HW 的设计结构，如图 3.4 所示。

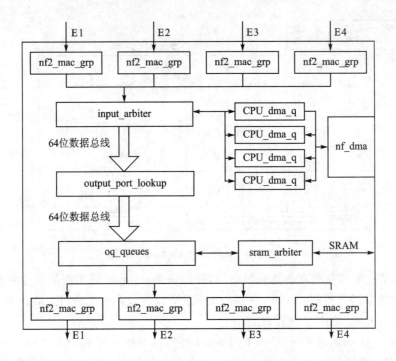

图 3.4　Router HW 的结构图

顺着 Packet 在 UFPGA 内的前前后后，我们一起来看看 Router HW 的全貌：从 PHY 的 4 个 RGMII 接口接收 4 位的网络数据流开始，历经 rgmii_io 后转换成 8 位的字节流；然后 Packet 就进入 nf2_mac_grp，完成 MAC 层数据处理后缓存进 4 个 72 位的异步 gmac_rx_fifo；

之后就是 user_data_path，其中完成 Packet 的 IP 层分析和转发查找，包括了 input_arbiter、output_port_lookup 及 output_queues。

出了 user_data_path，Packet 就要兵分两路了：大多数获得下一跳目的地址的 Packet 再次进入 nf2_mac_grp，从相应的 MAC 端口转发出去；剩下的 Packet（包含 IP option 和 TTL 值 = 0/1 等）进入 cpu_dma_queue，接着 nf2_dma 将这些 Packet 通过 DMA 方式经 PCI 总线提交给 PC 机做进一步的分析和处理。

为了能够线速处理 Packet，Router HW 采用了独特的设计技巧，作者挑选了下面几个重要的方面和读者一起讨论。

3.3.1　关键技术之 Packet 和 Register Bus

Router HW 中的每个 module 都链接在两条数据通路总线上，如图 3.5 所示。高带宽的 Packet_data_path 主要实现 Packet 的相关分析和处理；低带宽的 Register_data_path 主要实现各个 module 寄存器的读/写，从而完成用户软件对 module 功能和参数的配置。

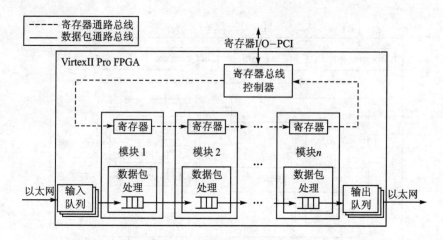

图 3.5　Packet 和 Register Bus

由于使用了这种特殊的双数据通路结构，所以每个 module 的实现都包含两部分：module 功能的实现和寄存器的实现；每个 module 的外部接口都包含两部分：Packet_data_path 总线接口和 Register_data_path 总线接口。

Packet_data_path 将各个 module 的 Packet 处理部分链接起来，Register_data_path 将各个 module 的寄存器链接起来。每个 module 的寄存器部分都非常类似，实现寄存器的生成和读/写操作，响应来自 PCI 总线的寄存器读/写请求。用户软件读/写 module 内的寄存器与 I/O 寄存器的读/写类似。

很显然，这里采用了模块化设计的方法。

作者的话：在 Reference Router 上做软件开发，需要熟悉各个模块的寄存器配置和地址，这其实也是在做通用底层软件开发、驱动开发时必须要注意的部分。

3.3.2 关键技术之 5 级 pipelining

为什么要在 Router HW 中使用 pipelining？有必要吗？意义何在？

pipelining 能动态地提升设计性能，它的基本思想是对经过多级逻辑的长数据通路进行重新构造，把原来必须在一个时钟周期内完成的操作分成多个周期来完成，这种方法允许更高的工作频率，提高了数据吞吐量。

FPGA 的寄存器资源非常丰富，因此对 FPGA 设计而言，pipelining 能最大可能地提高系统性能，而又不耗费过多的器件资源。然而，采用 pipelining 后，数据通路变成了多时钟周期通路，这就需要考虑设计的其余部分，解决通路增加带来的延时。在定义这些路径的延时约束时要特别小心。

Router HW 采用了 5 级 pipelining 的模块化设计，Packet_data_path 上所有 module 的 Packet 处理部分都包含了一个同步 FIFO，用来实现 Packet 的缓冲，即 pipelining 中的寄存模块。这个简单的同步 FIFO 不仅能够增加 Packet 在每个 module 的停留时间，从而提高系统处理 Packet 的性能；而且使得设计人员在进行新的 module 开发时，可以专注于 module 内部功能的实现，不用花费过多的精力在接口时序的设计上。

作者将在 3.3.4 小节详细阐述 pipelining 同步 FIFO 的电路细节。

3.3.3 关键技术之统一 Packet 格式

复杂数字系统中的 module 通常需要交换信息，如何实现各个 module 间的通信呢？

Router HW 在解决这个问题时，借鉴了 OSI 参考模型，在 Packet_data_path 上传输的 Packet 使用了一种特殊的格式，包含了 mdule header 控制字和 Packet 数据字两部分，如图 3.6 所示。

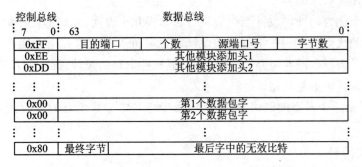

图 3.6 Packet_data_path 中的 Packet 格式

从 nf2_mac_grp 开始，每个 module 都可以修改 Packet 的数据字，同时也可以在 Packet 前端添加一个 64 位的 module header 控制字。不同 module header 用 Ctrl_bus 来区分，后级 module 通过读取这个 module header 控制字来和前级 module 通信。

Data_bus 上的内容通过 Ctrl_bus 来区分，Router HW 中的 Ctrl_bus 有 3 种定义：

① 0xff 表示 Data_bus 上的内容为 nf2_mac_grp 添加的 module header 控制字：目的端口表示数据包的输出端口，是 16 位的 one-hot（独热码）编码形式，刚好 8 位对应 8 个端口；字长表示数据包中 64 位字的数目，是 16 位的二进制编码形式；源端口表示数据包的输入端口，是 16 位的二进制编码形式；BL 表示数据包中的字节数，是 16 位的二进制编码形式。

② 0x00 表示 Data_bus 上的内容为 Packet 数据字。

③ 0x01 表示 Data_bus 上的内容为 Packet 的最后一个字，其中 1 的位置表示 Packet 最后一个字节在 8 个字节中的位置；

注意：Router HW 中 module 在分析处理 Packet 时，nf2_mac_grp 添加的 module header 控制字优先级最高。

3.3.4 我们需要关注什么

在阅读技术类书籍时，常常会有这样的感觉：一开始就被作者轻松舒畅的文风所吸引，像看武侠小说一样，一口气扫完整本书，没有停顿，当然也就没有梳理和思考。回过头来看看自己的收获是什么？对作者的敬佩、对其文笔的惊叹、一丁点技术细节的记忆，仅此而已。因此，在后来的学习过程中，作者会时不时停下来问问自己：为什么要花费这么大的精力来学习这些内容？从中能够获取哪些有价值的东西？对未来有什么启迪？

那么在 Router HW 中还有哪些内容是值得我们去探究和学习的呢？这其实有一个等价的问题：比如在 opencore 上下载了一个完整的 IP core，通过分析其源码你想要得到什么或者说能从中吸取到什么有用的养分？

作者以为一个优秀的硬件设计至少应该包含这样几个方面：良好的设计结构、独特的设计技术及简捷明了的代码。我们在学习新的设计时也要重点关注这几个方面。另外，从一个优秀的设计中可以了解很多经典电路，不仅可以掌握这些电路的设计思路，而且可以作为自己的电路库在未来的设计中重复利用。

Router HW 是一个典型的网络硬件设计，作者将其中一些电路推荐给读者，希望有抛砖引玉之效。

1. FIFO 的设计

我们都清楚 FIFO 在时序系统设计中的重要性，通用 FIFO 的架构如图 3.7 所示。

在 Router HW 中使用了较多的 FIFO，作者由浅入深地一一介绍。

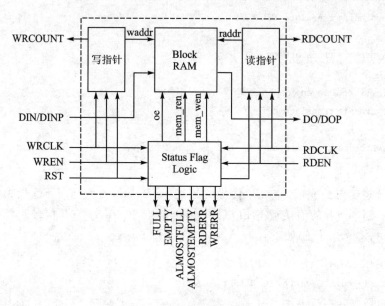

图 3.7 通用 FIFO 的架构图

(1) 简单的 FIFO

使用频率最高的是单时钟同步 FIFO,用来实现 5 级 pipelining 缓存模块的 small_fifo,其电路内部结构相对简单,用一个 always 块来完成数据读/写电路的描述,代码如下:

```
always @(posedge clk)
begin
        if (wr_en)
        queue[wr_ptr] <= din;
    if (rd_en)
        dout <=
        /* synthesis translate_off */
        #1
        /* synthesis translate_on */
        queue[rd_ptr];
end
```

一个描述读/写指针的 always 块,使用了一个内部计数器 depth 来记录 FIFO 当前已占用的空间,代码如下:

```
if (wr_en) wr_ptr <= wr_ptr + 'h1;
if (rd_en) rd_ptr <= rd_ptr + 'h1;
if (wr_en & ~rd_en) depth <=
```

```
/* synthesis translate_off */
#1
/* synthesis translate_on */
depth + 'h1;
else if (~wr_en & rd_en) depth <=
/* synthesis translate_off */
#1
/* synthesis translate_on */
depth - 'h1;
```

一些组合逻辑电路完成"空/满"信号的描述,当 depth 的值与 FIFO 最大空间相等时,产生 full 信号。当 depth 的值接近 FIFO 最大空间时,产生 nearly_full 信号。当 depth 的值为零时,产生 empty 信号。代码如下:

```
assign full = depth == MAX_DEPTH;
assign nearly_full = depth >= NEARLY_FULL;
assign empty = depth == 'h0;
```

再来看看在 small_fifo 基础上改进的一种电路 fallthrough_small_fifo。如果读者对这两个电路分别进行功能仿真就会发现:small_fifo 的数据在 rd_en 信号有效的下一个时钟才会出现在 dout 总线上,而 fallthrough_small_fifo 的数据会在 rd_en 信号有效时立即出现在 dout 总线上。

事实上这两个电路的外部接口信号完全一致,"空/满"信号的产生电路也是一样的,不同之处是数据读/写部分。在读/写操作时,FIFO 内部有这么几种情况:只有 wr_en 有效时,输出信号 dout 不发生变化;当 rd_en 和 wr_en 同时有效并且 wr_ptr 比 rd_ptr 大 1 时,或者 wr_en 有效并且 wr_ptr 和 rd_ptr 相等时,将刚写入的数据 din 直接放到 dout 上;如果不是这两种情况,当 rd_en 有效时,则会将 rd_ptr 下一个位置的数据放到 dout 上。这样就始终保证了 rd_en 有效和数据的同时读取,数据采样部分的描述代码如下:

```
always @(posedge clk)
begin
    if (wr_en)
        queue[wr_ptr] <= din;
        queue_rd <= queue[rd_ptr_plus1];
        din_d1 <= din;
        dout_d1 <= dout;
    if (rd_en && wr_en && (rd_ptr_plus1 == wr_ptr)) begin
        dout_sel <= SEL_DIN;
```

```
        end
    else if(rd_en) begin
        dout_sel <= SEL_QUEUE;
    end
    else if(wr_en && (rd_ptr == wr_ptr)) begin
        dout_sel <= SEL_DIN;
    end
    else begin
        dout_sel <= SEL_KEEP;
    end
end
```

数据输出的代码为:

```
assign dout = (dout_sel == SEL_QUEUE) ? queue_rd : ((dout_sel == SEL_DIN) ? din_d1 : dout_d1);
```

有兴趣的读者可以分析这两个电路的源代码,对比这两种设计思路以及电路的优劣。

现在我们来讨论一种双时钟结构的复杂电路 small_async_fifo,这种 FIFO 具有相互独立、自由工作的读/写时钟,为整个系统解决了跨时钟域的数据同步问题,但是也导致了设计上的困难。因为我们需要用写时钟来取样读指针或用读时钟来取样写指针,这样会不可避免地遇到一个问题——亚稳态,它将导致空/满标志的计算错误。采用格雷码来设计读/写指针计数器不失为一种解决问题的方法。

small_async_fio 电路包含了 sync_r2w、sync_w2r、fifo_mem、rptr_empty 及 wptr_full 这 5 个子 module,其代码描述细节留给读者去钻研吧!

(2) 复杂的 FIFO

对于跨时钟域的大型缓冲 FIFO,比如 Packet 级的缓冲,可以采用现成的异步 FIFO 核。这里作者将演示使用 CORE Generator 工具生成 FIFO 的一般流程。以 nf2_mac_grp 中的 rxfifo_8kx9_to_72 为例,在 ISE Project Navigator 的 Source 窗口右击,选择 New Source 则弹出 New Source Wizard 对话框,如图 3.8 所示。

选择 IP 选项,在 File name 文本框输入 IP 核名:xfifo_8kx9_to_72,在 Location 下拉列表框中选择工程目录,单击 Next 进入 IP 核选择对话框,可以看到 Xilinx 丰富的 IP 资源,如图 3.9 所示。

选择 Memories & Stroage Elements 下 FIFOs 分类中的 Fifo Generator v3.3,单击 Next 进入 FIFO 信息对话框,如图 3.10 所示。

确认信息后单击 Finish 进入 FIFO 配置对话框,如图 3.11 所示。

首先要选择的是 FIFO 的实现电路,在这里选择 Independent Clocks Block RAM 选项,不同的选项 FIFO 的接口信号会有所不同,单击 Next 进入下一个配置对话框,如图 3.12 所示。

第 3 章 深入浅出 Router 硬件

图 3.8 New Source Wizard 对话框 1

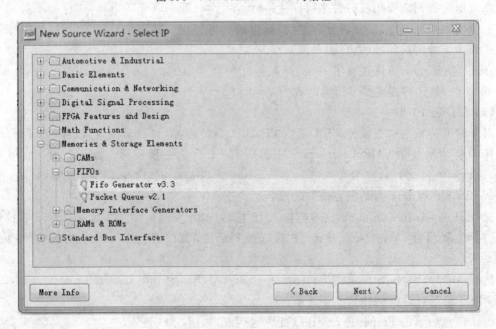

图 3.9 IP 核选择对话框 1

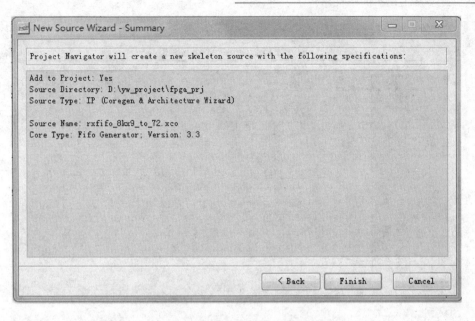

图 3.10　FIFO 信息对话框

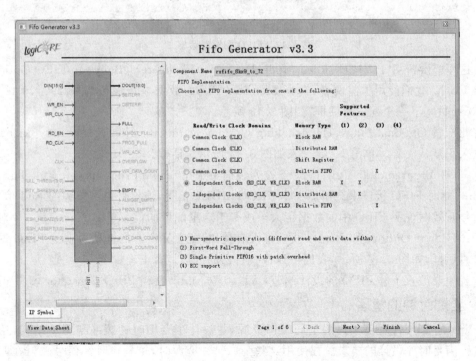

图 3.11　FIFO 配置对话框 1

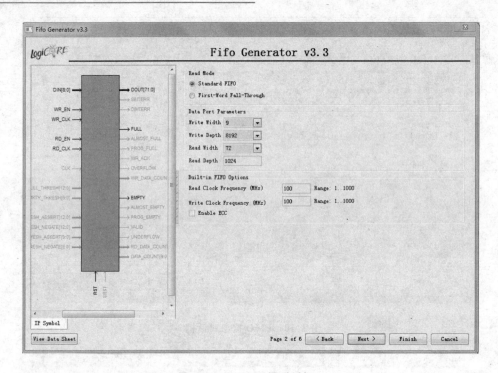

图 3.12　FIFO 配置对话框 2

在这里需要配置 4 个选项：Read Mode、Data Port Parameters、Built-in FIFO Options 及 Enable ECC。我们使用了前两者，选择 Standard FIFO，数据端口参数为"8 192×9 to_72"。单击 Next 进入下一个配置对话框，如图 3.13 所示。

在此配置 Optional Flags、Handshaking Options 及 Initialization 选项，xfifo_8kx9_to_72 在这里采用默认配置。单击 Next 进入如图 3.14 所示对话框。

这里，在 Programmble Full Type 下拉列表框中选择 Single Programmble Full Threshold Constant，此时 FIFO 接口中会添加一个 PROG_FULL 信号，该信号是可编程的 Full 信号，当这个信号有效时说明 FIFO 中的数据字大于或等于这里配置的值。单击 Next，下一个对话框中的 Data Count Options 和 Resets 我们都没有使用，配置完所有的选项后就是 FIFO 最终配置信息对话框，如图 3.15 所示，我们可以检查自己的选择是否正确。

读者想要深入了解 FIFO 的设计细节，可以参考 Xilinx 文档 FIFO Generator v3.3_ds317。

2. 全局时钟的管理

Xilinx 的 FPGA 提供了一些全局时钟资源，并设计了专用时钟缓冲与驱动结构，从而使全局时钟满足时序设计的要求。在使用这些全局时钟资源时，尽量将时钟信号映射在芯片的全局时钟引脚上。

第 3 章　深入浅出 Router 硬件

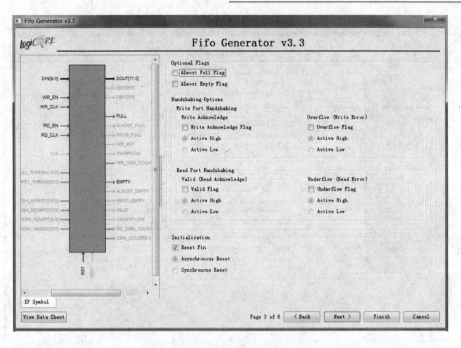

图 3.13　FIFO 配置对话框 3

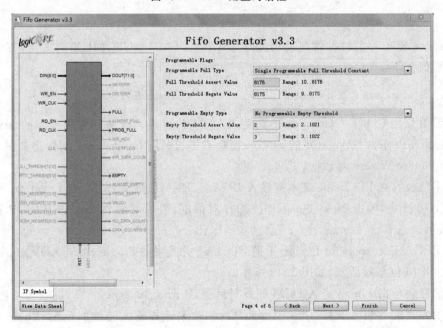

图 3.14　FIFO 配置对话框 4

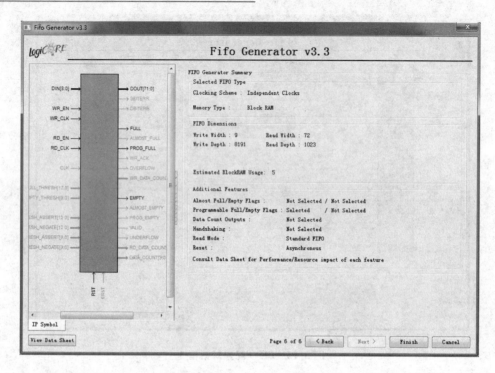

图 3.15 FIFO 配置对话框 5

Reference Router 的时钟管理采用的是 IBUF＋DCM＋BUFGMUX 的方法，其中 IBUF 的实例化代码如下：

```
IBUF  ibufg_gtx_clk (.I(gtx_clk),           .O(gtx_clk_ibufg));
```

再来看看使用 CORE Generator 工具生成 DCM 的流程。以来自芯片外部的 gtx_clk 时钟为例，在 ISE Project Navigator 的 Source 窗口右击，选择 New Source，则弹出如图 3.16 所示的 New Source Wizard 对话框。

选择 IP 选项，在 File name 文本框输入 IP 核名：RGMII_TX_DCM，在 Location 下拉列表框中选择工程目录，单击 Next 进入 IP 核选择对话框，可以看到 Xilinx 丰富的 IP 资源，如图 3.17 所示。

选择 FPGA Features and Design 下的 Clocking 分类中的 Single DCM ADV v9.1i。单击 Next 进入 DCM 信息对话框，如图 3.18 所示。

确认信息后单击 Finish 进入 DCM 配置对话框，如图 3.19 所示。

在这里需要配置的选项有：Input Clock Frequency 选择输入时钟的范围；Phase Shift 选择时钟相位控制；CLKIN Source 选择输入时钟类型；Feedback Source 选择反馈时钟的类型和 Feedback Value。单击 Next 进入全局时钟缓冲器设置对话框，如图 3.20 所示。

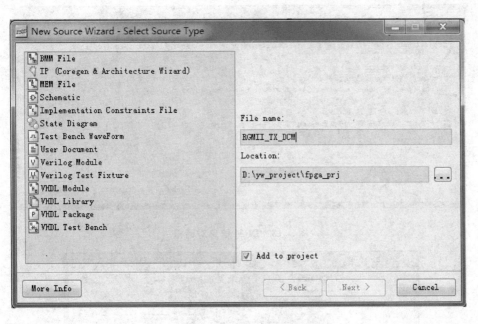

图 3.16　New Source Wizard 对话框 2

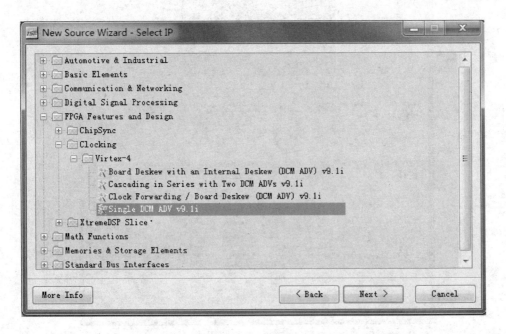

图 3.17　IP 核选择对话框 2

第 3 章 深入浅出 Router 硬件

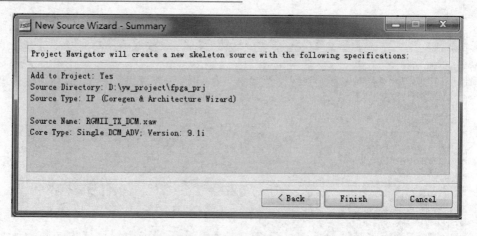

图 3.18 DCM 信息对话框

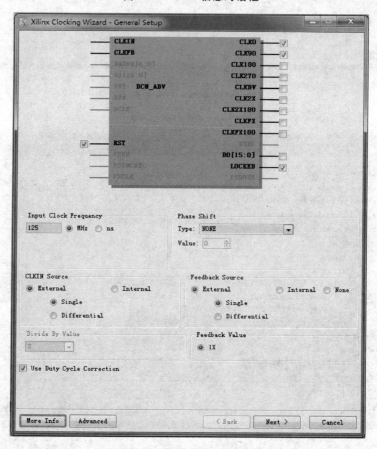

图 3.19 DCM 配置对话框

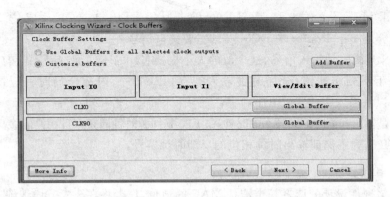

图 3.20　全局时钟缓冲器设置对话框

选择 Customize buffers 来自己配置输出缓冲器，单击 Global Buffer 进入缓冲器选择对话框，如图 3.21 所示。

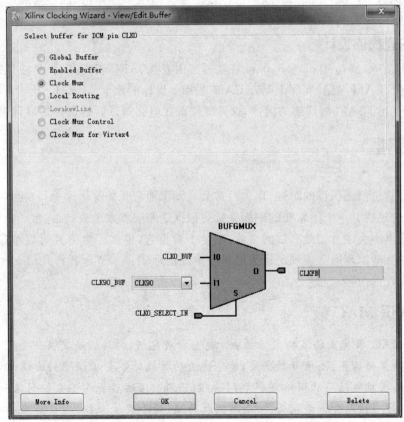

图 3.21　缓冲器选择对话框

选择 Clock Mux,设置输入 I1 为 CLK90,输出为 CLKFB,单击 OK 生成 DCM 核。

作者简单介绍一下 Router 中 DCM 核的主要接口信号:

① CLKIN 是源时钟输入信号,这个值的大小根据芯片的不同而选择不同的范围,另外该信号必须来自于下列缓冲器:全局时钟输入缓存(IBUFG)、内部全局时钟缓冲器(BUFG/BUFGCTRL)以及输入缓冲器(IBUF)。

② CLK0 是输出和源时钟同频率的时钟,CLK90 是同源时钟同频率且相位偏移 90°的时钟。

③ CLKFB 是为了保证输出时钟相位的反馈时钟信号。

3. MAC 的设计

接触过网络硬件设计的读者一定清楚 MAC 的地位,作者将在 3.4 节详细阐述 MAC 的设计细节,在这里只强调一点:MAC 的设计已经有较多的 IP 核可供我们利用,对于读者来说,熟练掌握 MAC 核的使用、熟悉其外部接口和功能配置向量是远远不够的,只有深入分析 MAC 的内部机理,知其所以然,才能为后续的设计打下坚实的基础,同时也能理解通信协议的一些基本原理和实现方法。

4. 路由查找的设计

Router HW 的 output_port_lookup 在实现路由查找、ARP 表查找及 IP 地址过滤表的查找时都使用了 TCAM 电路,实际上是在 CAM 基础上设计的片上 TCAM。作者将在 3.5.2 小节对 FPGA 片上 TCAM 做详细的阐述,这种硬件查找电路对以后的设计是很有用的。

3.4 链路层

在学习计算机网络课程的时候,作者经常会有意识地避开数据链路层,直接进入网络层学习,然后深入传输层。一个很重要的原因是觉得数据链路层不太重要,在通常所接触的网络协议和应用中根本不会涉及如此底层的协议,越是不看重它,也就越觉得其晦涩难懂。事实上,在该层涉及的一些原理通常表现出最为简单和单纯的形式。本节作者将介绍 Router HW 中有关链路层设计的内容。

3.4.1 认识 MAC 核

链路层(MAC)要完成许多特定的功能。这些功能包括:向网络层提供一个定义良好的服务接口;处理数据传输错误;调节数据流,确保慢速的接收方不会被快速的发送方淹没。为了实现这些目标,数据链路层从网络层获取到分组(Packet),然后将这些分组封装到帧(frame)中以便传输。每一帧包含一个帧头、一个有效载荷域(用于存放分组)以及一个帧尾。帧管理构成了数据链路层工作的核心。

——潘爱民

第 3 章 深入浅出 Router 硬件

　　这段话是潘爱民的译著《计算机网络》中关于链路层任务的叙述。我们知道 IEEE 802.3 标准规定了以太网帧的细节,这是数据链路层设计的基准。对数据链路层的细节有兴趣的读者可以阅读进一步的资料。

　　在实际的硬件设计过程中,我们习惯于开发一个介于物理层和网络层间的以太网 MAC 核来实现以太帧的管理,该 MAC 和 PHY 之间的接口通常被设计成介质无关,也就是 MII (Medium Independent Interface)。所谓介质无关性就是能够不进行任何改变就可以应用在不同介质网络中的特性,其中 10/100 Mb/s 网络 MAC 和 PHY 之间的 MII 接口包含 5 组信号:

　　① 发送信号。

　　包括半字节宽(nibble - wide)的发送数据信号,加上相关的发送时钟、发送允许信号和发送差错信号。数据用时钟同步,时钟率是数据率的 1/4 (即 100 Mb/s 以太网用 25 MHz 时钟频率,10 Mb/s 用 2.5 MHz 时钟频率),发送信号用于将数据从控制器移动到收发器,然后编码并发送到 LAN 上。

　　② 接收信号。

　　包括半字节宽的接收数据,加上相关的接收时钟、接收数据有效信号(等价于接收使能信号)和接收差错信号。数据用时钟同步,时钟率为数据率的 1/4。接收信号用于将解码的数据从收发器移动到控制器。

　　③ 以太网控制信号。

　　这些信号是由收发器生成的载波侦听和冲突检测信号,用于控制器做介质访问控制。注意它们只用于半双工模式,在全双工模式中被忽略。

　　④ 管理信号。

　　包括一个串行管理 I/O 信号和相关的时钟信号。用于在控制器和收发器之间双向交换配置和控制的管理信息。

　　⑤ 电源。

　　电源(+5 V DC)由控制器提供给收发器操作使用。当然,电源和逻辑信号都有返回的通路。

　　千兆以太网从物理层到链路层都采用了介质无关的接口方式。千兆 MII(GMII)主要作为一个逻辑接口,而不是一个物理接口,即当以 GMII 作为收发器和控制器间的通信模型来定义系统时,GMII 自身可能只存在于 IC 中而不外置。它只用作 IC 到 IC 的接口,而不支持任何连接器或电缆。GMII 在逻辑上与 MII 是相同的,仅有的差别是:

　　① GMII 的数据通路是字节宽而不是半字节宽的。这样 GMII 的时钟频率将从 250 MHz (若使用半字节宽)减小到 125 MHz ,因而用 CMOS 技术来实现 GMII 兼容 IC 时更为实际一些。另外,时钟信号来源于控制器,而不是像 MII 那样来自收发器,可避免 IC 和接口实现电路的传播延时造成的时序差错。

第 3 章 深入浅出 Router 硬件

② GMII 信号电平（若外置为 IC 到 IC 的接口）与 3.3 V IC 芯片兼容，而不使用较老的 5 V 技术。

③ GMII 没有连接器或电缆。

GMII 共需要 22 个信号线：接收时钟信号线 1 条、接收数据线 8 条、接收出错线 1 条、接收使能线 1 条、发送时钟线 1 条、发送数据线 8 条、发送出错线 1 条、发送数据有效线 1 条。为减少接口信号线条数，降低高速 PCB 设计难度，将 GMII 接口简化后称为 RGMII（Reduced Gigabit Media Independent Interface），简化后接口信号减少到 12 个：接收时钟线 1 条、接收控制线 1 条、接收数据线 4 条、发送数据线 1 条、发送控制线 1 条、发送数据线 4 条。接口信号减少以后，设计高速 PCB 时减少了布线层数，从而降低系统成本。

SGMII（Serial Gigabit Media Independent Interface）接口进一步减少了外部信号线数目，这是由 Cisco 提出的一个标准，SGMII 连接 10/100/1000 Mb/s PHY 和 EMAC，在 PHY 端只有发送和接收两对差分时钟信号以及发送和接收两对差分数据信号，共 8 个信号线。如果接收和发送用同一个时钟产生的话，则只需要 6 个信号线，进一步简化了 PCB 布线的复杂度。当然还有 1 000Base - X 这样的光纤接口，这些都不在 NetFPGA 平台讨论的范围内，在此就不一一叙述了。

由于通常的以太网 MAC 提供的是 GMII 接口，采用 RGMII 和 SGMII 虽然可以减少外部信号线的个数，但是却带来了由 GMII 到 RGMII 和 SGMII 转换的数字逻辑方面的复杂性。

3.4.2 Router 中的 MAC 核

如何完成 Router 的数据链路层设计呢？需要用户自己开发吗？

读者想一想。

Router HW 中的链路层处理模块是 nf2_mac_grp，在这个 module 中采用了 Xilinx 公司提供的 TEMAC（Tri - Mode Ethernet MAC）核。该 IP 核实现了 IEEE 802.3 - 2002 标准规格，并支持全双工操作，另外支持 VLAN、超大帧以及流量控制等网络管理选项；可以通过一个接口独立的处理器进行配置和监控，用户可以灵活选择最适合具体应用的处理器；提供两种不同的 PHY 端接口：一个千兆位介质独立接口 GMII 和一个精简千兆位介质独立接口 RGMII，它们适用于所有介质类型的 PHY，支持 BASE - T 标准（1 Gb/s、100 Mb/s 及 10 Mb/s）。

TEMAC 的结构框图如图 3.22 所示，其核心由发送和接收引擎、流量控制、GMII/MII 模块及用户接口模块组成；另外还有几个可选的模块，包括地址过滤模块和管理模块。对外接口有物理层接口和用户接口，用户接口包括用户发送和接收接口以及用户管理接口。

下面介绍各模块的功能。

发送引擎：从用户发送接口接收以太网帧数据，先在帧数据前端添加前导码，如果需要则向帧末尾添加填充字节以保证满足最小帧长的要求，然后添加帧校验序列（配置需要）。另外，发送引擎还要保证连续的相邻帧之间的间隔不小于指定的最小帧间隔，最后将帧转换为兼容

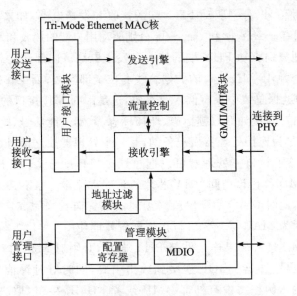

图 3.22 TEMAC 的结构框图

GMII 的格式,发送到 GMII/MII 模块。

接收引擎:从 GMII/MII 块接收完整以太网帧数据,移除帧首部开始的前导码,如果需要则移除填充字节,如果配置需要还要移除帧校验序列。另外,接收引擎还负责利用帧校验序列、接收到的差错码和合法的帧尺寸边界等信息对接收到的帧进行差错检测。

流量控制:实现了 IEEE 802.3-2002 标准的第 31 段。MAC 可以配置为可发送暂停帧并对接收到的暂停帧做出反应,这两种行为可以独立配置。

地址过滤:如果地址过滤功能开通,则需预先配置一个地址表,包含一系列 MAC 地址。接收引擎收到的帧中如果包含这些已知地址之一的话则通过,否则不通过。

管理接口:可选的处理器独立管理接口有标准的地址、数据和控制信号,可以依原样使用,也可以应用间隙逻辑与通用总线架构接口。管理接口用来访问配置寄存器和 MDIO 接口。上电或重置以后,用户可能会重新配置核心的参数,通过配置寄存器可以随时改变配置。

GMII/MII 模块:将来自发送引擎的数据转换成 MII/GMII 格式,并连接到片外或者内部集成的 PHY。在 1 Gb/s 速率下,数据只是简单的通过。

MDIO 模块:用于配置和监听 PHY,在 IEEE 802.3 的第 22 段有定义。

TEMAC 核的用户端接口中又分为发送接口、接收接口、流控制接口、管理接口(可选)、MAC 单播地址(可选)、配置向量(可选)以及异步复位;PHY 端接口包括 GMII 接口和 MDIO 接口。

用户端接收和发送数据接口支持 1.25/12.5/125 MHz 这 3 种时钟频率,时钟信号有 rx-coreclk、txcoreclk、rxgmiimiiclk 和 txgmiimiiclk。定制 MAC 核时如果选择 Clock Enable 选

项,则只有后 2 个时钟信号,分别驱动 PHY 端的接收和发送电路;如果不选 Clock Enable 选项,则上面 4 个信号都有,rxcoreclk 和 txcoreclk 分别驱动用户端的接收和发送电路,而 rxgmiimiiclk 和 txgmiimiiclk 则分别驱动 PHY 端的接收和发送电路。内部数据总线位宽为 8 位,工作在 1 Gb/s 模式时,其 GMII/MII 接口的数据总线 8 位全部有效;而工作在 10/100 Mb/s 模式时,GMII/MII 接口的数据总线中只有低 4 位有效,这是因为 MII 接口的数据位宽为 4 位。另外还有多个其他标志信号,例如完好帧标志、坏帧标志、数据使能信号、统计信息等。

可选的管理接口是为连接处理器而准备的,是一个处理器独立接口,也就是说可以连接不同的处理器而无须改变此接口。处理器可以通过这个接口配置 MAC 核,并访问 MAC 内部寄存器,还可以通过 MDIO 接口访问 PHY 芯片的管理寄存器。在不具备处理器的应用中,通常不选这个管理接口,此时 MAC 的配置就必须通过配置向量来完成。管理接口或者配置向量二者必须选其一,因为 MAC 必须先进行正确配置才能使用。

PHY 端 GMII/MII 接口如果连接外部 PHY 芯片,必须对 MAC 核的 GMII/MII 接口信号进行寄存并通过输出缓冲器 OBUF 连接到输出引脚,同时对时钟信号进行处理。在生成 MAC 核的同时生成的示例程序中有外部 GMII 或者 RGMII 接口(取决于配置 IP 核时选择 GMII 还是 RGMII)的实现代码,基本思路是在数据通路以及时钟线上添加输入/输出缓冲和寄存器。如果是 RGMII 的话,还需要对数据和时钟进行 SDR 与 DDR 之间的转换。这样做的目的主要是实现同 PHY 接口之间的无缝连接。另外,GMII/MII 接口还可以连接到 FPGA 内部的其他 IP 核,比如 1 000Base-X PCS/PMA、SGMII 以及统计 IP 核等。

读者要想深入了解 TEMAC 的功能模块和接口信息,可以参考 Xilinx 设计文档 tri_mode_eth_mac_ug138。

3.4.3 链路层的辅助设计

除此之外,nf2_mac_grp 还包含了 rx_queue、tx_queue 和 mac_grp_regs 这 3 个 module,前两者的功能类似,只是 Packet 在 module 内部的流向不同。这里选择 rx_queue 来进行详细介绍。

rx_queue 缓存来自 tri_mode_eth_mac 的帧数据,这个模块涉及经典的跨时钟域的数据同步问题:TEMAC 边时钟是 125/12.5/1.25 MHz 的 rxcoreclk,user_data_path 边时钟是内部系统时钟 clk。

pulse_synchronizer 来实现 3 个控制信号 rx_pkt_bad、rx_pkt_good 及 rx_pkt_dropped 的跨时钟域同步,其源码如下:

```
/* 检测时钟信号 clkA 的上升沿,设置 ackA 信号 */
always @(posedge clkA) begin
    if(reset_clkA) begin
        ackA <= 0;
```

```verilog
    end
    else if(! pulse_in_clkA_d1 & pulse_in_clkA) begin
      ackA <= 1;
    end
    else if(ackB_clkA) begin
      ackA <= 0;
    end
end // always @ (posedge clkA)

/* 检测 ackA 信号上升沿，设置 ackB */
always @(posedge clkB) begin
    if(reset_clkB) begin
      ackB <= 0;
    end
    else if(! ackA_clkB_d1 & ackA_clkB) begin
      ackB <= 1;
    end
    else if(! ackA_clkB) begin
      ackB <= 0;
    end
end // always @ (posedge clkB)
```

读者可以自己分析分析，尝试实现跨时钟域的同步信号处理。

(1) MAC 域时钟 rxcoreclk

一个 MAC 边时钟 rxcoreclk 下的状态机在 FIFO 有足够的空间时将 Packet 写入 gmac_rx_fifo（双时钟异步 FIFO），在 Packet 尾部添加 eop 标记信号，同时将 Packet 状态和字节数写入 pkt_chk_fifo，代码如下：

```verilog
case(rx_state)
    RX_IDLE：begin
        ...
        end
    RX_RCV_PKT：begin
        ...
    end
    RX_WAIT_GOOD_OR_BAD：begin
        ...
        end
    RX_ADD_PAD：begin
```

```
            ...
           End
  RX_DROP_PKT: begin
           ...
           end
endcase
```

第 1 个状态确认是否有足够的空间接收 Packet；第 2 个状态接收 Packet 并确认其尺寸；第 3 个状态判断帧的好坏；第 4 个状态补上最后一个字中缺少的字节；第 5 个状态完成丢包操作。

(2) user_data_path 域时钟 clk

user_data_path 边时钟 clk 下的状态机，当 pkt_chk_fifo 非空和 Packet 没有出错时从 gmac_rx_fifo 中读取出 Packet 并送出 module。

```
case(out_state)
  OUT_WAIT_PKT_AVAIL:begin
           ...
           end
  OUT_LENGTH: begin
           ...
           end
  OUT_WAIT_PKT_DONE: begin
           ...
           end
endcase
```

第 1 个状态等待可用的 Packet；第 2 个状态添加 Packet 的长度信息；第 3 个状态正常转发 Packet。

问题：如何添加 packet 中的包头控制字？

(3) nf2_mac_grp 外部总线信号

nf2_mac_grp 外部总线接口信号如表 3.1 所列。

表 3.1 nf2_mac_grp 外部总线接口信号表

信号名	方 向	功能描述
in_data[63:0]	I	接收报文数据
in_ctrl[7:0]	I	区分 in_data 上的数据是控制字还是报文数据
in_wr	I	标记 in_data 上的数据有效
in_rdy	O	输入数据总线空闲

续表 3.1

信号名	方向	功能描述
out_data[63:0]	O	输出报文数据
out_ctrl[7:0]	O	区分 out_data 上的数据是控制字还是报文数据
out_wr	O	标记 out_data 上的数据有效
out_rdy	I	输出数据总线空闲
reg_req	I	寄存器请求
reg_rd_wr_L	I	寄存器读/写
reg_addr[15:0]	O	寄存器地址
reg_wr_data[31:0]	I	寄存器写数据
reg_rd_data[31:0]	O	寄存器读数据
reg_ack	O	寄存器请求的响应
gmii_tx_d[7:0]	O	输出数据
gmii_tx_en	O	输出数据使能控制
gmii_tx_er	O	输出数据错误标记信号
gmii_crs	I	网络出现拥塞的标志信号
gmii_col	I	作为 carrier 回复用的信号
gmii_rx_d[7:0]	I	输入数据
gmii_rx_dv	I	输入数据有效
gmii_rx_er	I	输入数据错误标记信号
txgmiimiiclk	I	tx 数据同步时钟
rxgmiimiiclk	I	rx 数据同步时钟
clk	I	系统时钟
reset	I	系统复位

从表 3.1 中可以看出，nf2_mac_grp 模块总线接口主要包括：数据包处理通路的输入和输出总线、寄存器读/写通路的输入和输出总线、GMII 输入和输出总线、系统时钟和复位信号。由于每级模块采用标准的总线接口，所以后续模块的总线接口如有相同就不进行详细介绍。

作者的话： 在添加新的模块时采用类似的标准总线接口，即只去掉 nf2_mac_grp 模块总线接口中的 GMII 总线接口。

mac_grp_regs 完成 nf2_mac_grp 内部寄存器的实现。我们需要重视的是寄存器写的组合逻辑和寄存器读的状态机描述，例如：

```
assign disable_crc_gen = control_reg['MAC_GRP_MAC_DIS_CRC_GEN_BIT_NUM];
```

这行代码实现了控制寄存器中 CRC 产生的使能信号。

(4) nf2_mac_grp 的寄存器

nf2_mac_grp 的寄存器如表 3.2 所列。

表 3.2 nf2_mac_grp 寄存器表

寄存器	功能描述
MAC_GRP_CONTROL	位 0—tx_queue 使能控制
	位 1—rx_queue 使能控制
	位 2—复位 MAC
	位 3—tx MAC 使能控制
	位 4—rx MAC 使能控制
	位 5—tx jumbo 帧使能
	位 6—rx jumbo 帧使能
	位 7—MAC CRC 校验使能
	位 8—MAC CRC 产生
RX_QUEUE_NUM_PKTS_STORED	rx_queue 接收的包数目
RX_QUEUE_NUM_PKTS_DROPPED_FULL	因 rx_queue 满而丢弃的包数目
RX_QUEUE_NUM_PKTS_DROPPED_BAD	CRC 校验错误丢弃的包数目
RX_QUEUE_NUM_WORDS_PUSHED	user_data_path 中获得的 64 位字数目
RX_QUEUE_NUM_BYTES_PUSHED	user_data_path 中获得的字节数
RX_QUEUE_NUM_PKTS_DEQUEUED	user_data_path 中获得的包数目
RX_QUEUE_NUM_PKTS_IN_QUEUE	rx_queue 中等待进入 user_data_path 的包
TX_QUEUE_NUM_PKTS_SENT	送到网络中的数据包数目
TX_QUEUE_NUM_WORDS_PUSHED	送到网络中的 64 位字数目
TX_QUEUE_NUM_BYTES_PUSHED	送到网络中的字节数目
TX_QUEUE_NUM_PKTS_IN_QUEUE	等待送到网络的数据包数目

表 3.2 中的控制寄存器 MAC_GRP_CONTROL 在启动 NetFPGA 板卡时由软件进行配置,其他寄存器有的在路由器中使用了,有的是为了在后续开发中使用。

3.4.4 如何使用 TEMAC 核

1. 生成 TEMAC 核

在自己的 Project 中使用 Xilinx 提供的 TEMAC 核，首先就是用 CORE Generator 工具来生成 TEMAC 核。

新建一个 IP 核，同将其命名为 tri_mode_eth_mac，然后添加到工作目录下。单击 Next 进入 IP 核选择对话框。

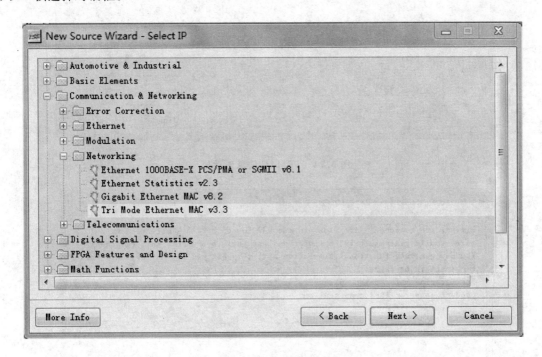

图 3.23 IP 核选择对话框 3

选择 Communication & Networking 下的 Networking 分类中的 Tri-Mode Ethernet MAC v3.3，单击 Next 完成 IP 核的添加，出现如图 3.24 所示对话框。

单击 Finish 后会弹出 License Details 对话框，如图 3.25 所示，如果需要产生 TEMAC 的配置文件，则要申请一个永久序列号，在 Xilinx 网站上有详细介绍。

单击 OK 进入 Tri Mode Ethernet MAC v3.3 对话框，如图 3.26 所示，我们需要配置 IP 核的功能和接口。这里可以配置 3 种选项：

① Management Interface 选项说明是否包含 TEMAC 的配置、监听及访问 MDIO 的接口，如果没有选择就是用一个配置向量来配置 IP 核。

第 3 章 深入浅出 Router 硬件

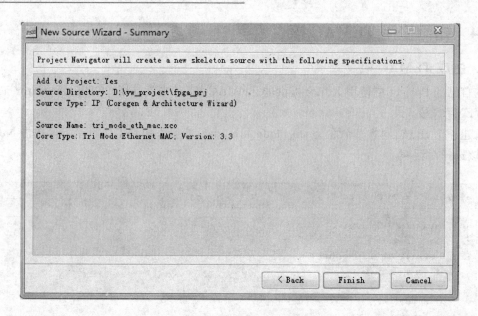

图 3.24 TEMAC 信息对话框

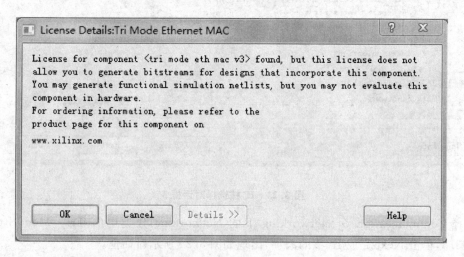

图 3.25 License Details 对话框

② Clock Enables 选项说明是否包含客户端读取/写入数据的使能信号,如果没有选择就用 txcoreclk 和 rxcoreclk 来代替使能信号。

③ Physical Interface 选项说明物理层接口是 GMII 还是 RGMII;Address Filter Options 选项说明是否包含 tieemacunicastaddr 信号。

这里说明一下,在 Reference Router HW 中 IP 核的配置如图 3.26 所示。

第 3 章 深入浅出 Router 硬件

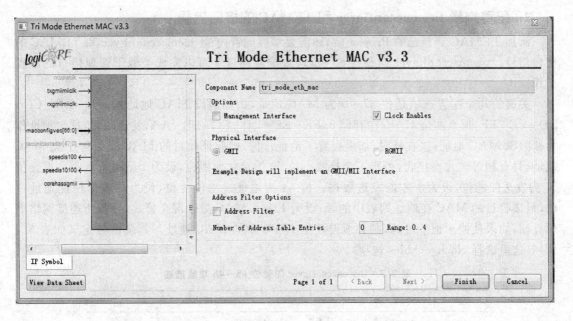

图 3.26 Tri Mode Ethernet MAC v3.3 对话框

生成 IP 核需要等待几分钟的时间,当 ISE 下方的状态显示平台上显示"Successfully generated tmac."后,表示 MAC 核生成成功,如图 3.27 所示。

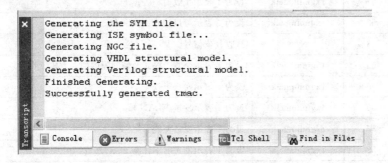

图 3.27 MAC 核生成成功显示框

此时在 Project 目录中会出现一系列 MAC 核相关的文件,其中有一个名字与 IP 名相同的文件夹,这里是 tri_mode_eth_mac。此文件夹的 doc 目录下有 TEMAC 核的数据手册(**_ds)、用户指南(**_ug)和入手指南(**_gsg);example_design 目录下有示例工程的所有源文件;implement 目录下有实现批处理文件 implement.bat,直接双击此文件可以对示例工程进行综合(synthesis)、编译(ngdbuild)、映射(map)、布局布线(PAR)、生成 bit 文件(bitgen),提供了用批处理方式脱离 ISE 开发环境进行工程开发的范例。

2. 配置向量 tieemacconfigvec 和 TEMAC 的接口信号

添加 TEMAC 到自己的 Project 后，还需要掌握配置向量 tieemacconfigvec 和 TEMAC 的接口信号。tieemacconfigvec 向量共 65 位，通过配置向量字可以完成类似于管理接口的配置工作。

关键的几个配置选项是位 47～0 为 MAC 地址，例如假设 MAC 地址为 AA-BB-CC-DD-EE-FF，那么在位 47～0 中存储 0xFF-EE-DD-CC-BB-AA，发送帧时，这个地址作为帧的源 MAC 地址；接收帧时，如果设置了地址过滤，则验证帧目的 MAC 是否等于此 MAC 地址，只有相等时才会接收，否则不会接收。位 50 为接收使能位，设为 1 则可以接收数据。位 57 为发送使能位，设为 1 才能发送数据。位 64 为地址过滤使能位，设为 0 表示使能地址过滤，只接收目的 MAC 在地址列表中的帧；设为 1 表示 MAC 处于混杂模式，接收所连接网络上所有帧，如果使能了地址过滤，则必须设置位 47～0 中的 MAC 地址。其余信号定义如表 3.3 所列（这里选择 clock_enables 选项）。

表 3.3 tieemacconfigvec 向量位 65～48 功能描述

位	时钟	功能描述
48	rxgmiimiiclk	设为 1 表示接收半双工
49	rxgmiimiiclk	设为 1 表示接收 VLAN 帧
50	rxgmiimiiclk	设为 1 表示接收使能
51	rxgmiimiiclk	设为 1 表示接收时不去掉 FCS 域
52	rxgmiimiiclk	设为 1 表示可以接收 Jumbo 帧
53	N/A	接收复位信号
54	txgmiimiiclk	设为 1 表示全双工模式及帧间隔的插入方式
55	txgmiimiiclk	设为 1 表示发送半双工
56	txgmiimiiclk	设为 1 表示发送 VLAN 帧
57	txgmiimiiclk	设为 1 表示发送使能
58	txgmiimiiclk	设为 1 表示发送时不计算 FCS 域
59	txgmiimiiclk	设为 1 表示可以发送 Jumbo 帧
60	N/A	发送复位信号
61	txgmiimiiclk	发送流控制
62	rxgmiimiiclk	接收流控制
63	rxgmiimiiclk	帧长度和类型校验
64	rxgmiimiiclk	地址过滤使能
66～65	txgmiimiiclk	MAC 速度：00＝10 Mb/s，01＝100 Mb/s，10＝1 Gb/s

Reference Router 中对 tieemacconfigvec 向量的配置代码如下：

```
wire [66:0] tieemacconfigvec =
    {mac_speed[1:0],
    1'b0,
    1'b0,
    1'b0,
    1'b0,
    reset_MAC,
    enable_jumbo_tx,
    disable_crc_gen,
    1'b1,
    1'b1,
    1'b0,
    1'b0,
    reset_MAC,
    enable_jumbo_rx,
    disable_crc_check,
    1'b1,
    1'b1,
    1'b0,
    48'haaaaaa_bbbbbb };
```

TEMAC 的接口信号 3.4.1 小节已经进行介绍，详细的描述读者可以参考 Xilinx 公司文档 tri_mode_eth_mac_ug138。

3.5 核心层面的网络层

读者可以先回顾一下 3.3 节中的 Router HW 结构图（图 3.4），从中可以看出，Router HW 将网络层的 Packet 处理 module 封装到 user_data_path 里面，拨开云雾见天日，作者将深入剖析 user_data_path 中的关键 module，那些最困扰我们的部分将陆续曝光。

3.5.1 简单的队列调度

读者先来考虑这样一个问题：如何合理地接收来自 8 个输入队列的 Packet？是否需要复杂的调度算法？

input_arbiter 从 8 个 Packet 缓冲队列（4 个 nf2_mac_grp 和 4 个 cpu_dma_queue）中读取 Packet，其电路描述使用一个简单的状态机来控制 Packet 的读取，代码如下：

```
case(state)
    IDLE:begin
        ...
    end
    WR_PKT: begin
        ...
    end
endcase
```

在 IDLE 状态判断 8 个 in_arb_fifo 中的哪一个非空,即对应输入队列的 Packet 有效,然后从相应的 in_arb_fifo 中读取 Packet;在 WR_PKT 状态传输 Packet 到下一级 module。

这里需要注意的是:input_arbiter 轮询式访问每个队列,直到从一个队列读完一个完整的 Packet 才转到下一个队列,其外部接口信号如图 3.28 所示。

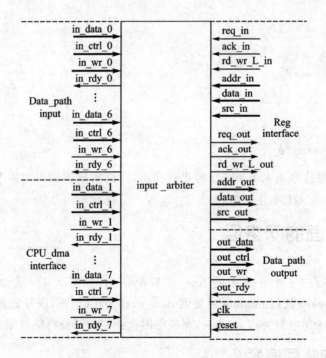

图 3.28 input_arbiter 模块接口图

同样,input_arbiter 也包含了一个寄存器读/写模块 in_arb_regs,其电路实现与 mac_grp_regs 类似,作者不再赘述。input_arbiter 的寄存器如表 3.4 所列。

表 3.4 input_arbiter 寄存器表

寄存器	功能描述
IN_ARB_NUM_PKTS_SENT	input_arbiter 获得包数目
IN_ARB_LAST_PKT_WORD_0_LO	最后 Packet 第 1 个字的低 32 位
IN_ARB_LAST_PKT_WORD_0_HI	最后 Packet 第 1 个字的高 32 位
IN_ARB_LAST_PKT_CTRL_0	最后 Packet 第 1 个字的 ctrl 字
IN_ARB_LAST_PKT_WORD_1_LO	最后 Packet 第 2 个字的低 32b 位
IN_ARB_LAST_PKT_WORD_1_HI	最后 Packet 第 2 个字的高 32 位
IN_ARB_LAST_PKT_CTRL_1	最后 Packet 第 2 个字的 ctrl 字
IN_ARB_STATE	调试

问题：分析 input_arbiter 中的一段源代码，为什么要这么做？

```
assign fifo_out_ctrl_sel = fifo_out_ctrl[cur_queue];
assign fifo_out_data_sel = fifo_out_data[cur_queue];
```

另外，读者是否想过：有没有更好的队列调度方法？

3.5.2 出色的转发引擎

回顾 3.2 节的内容，我们知道路由器的功能和性能取决于转发引擎模块，对于 Reference Router 来说，指的是 output_port_lookup。它是整个设计中最核心的 module，也是最值得细细品味、最需要花费精力来理解的部分。只有历经艰难的人在登上山顶的刹那才会有那种独特的奇妙感觉。

作者希望以一个实际的、有步骤而又真实的方式和读者完整地讨论从分析/设计到最终如何实现。这个发展过程应该说明设计是如何做出来的，也就是说，module 的架构、子模块划分等是如何产生的；也要说明如何根据设计架构实现出电路，在实现过程中会发生什么事以及实现如何结合设计等细节。作者相信：良好的架构绝不是凭空就能设计出来的，一定是某些刺激/化学作用才出现的，问题是这些刺激/化学作用是什么？

言归正传，让我们静心想想 output_port_lookup 要解决的问题是什么。

参考 RFC1812 中关于 IPv4 Router 的描述。作为 Router 转发引擎的 output_port_lookup 首先要完成 Packets 的 IP 层分析/处理，检查其目标 MAC 地址、帧类型、版本号（Version）、生存时间（TTL，Time-to-Live）、校验（Checksum）等，过滤各种类型的错误 Packet；然后就要根据 Packet 目的 IP 地址查找转发表，确定 Packet 的下一跳设备和输出端口，还需要查找 ARP 表来获取下一跳设备的 MAC 地址；最后根据查表结果对 Packet 进行修改/封装。

Packet 数据处理流程如图 3.29 所示。

第 3 章 深入浅出 Router 硬件

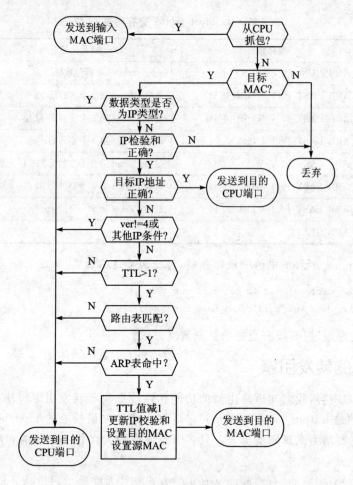

图 3.29 output_port_lookup 功能流程图

对应这个流程图，如果现在开始 output_port_lookup 的设计实现，你会如何写下最初的 HDL 代码？

由于 output_port_lookup 是从 input_arbiter 中依次读取 Packet 数据字，每个 clock 读取一个数据字，要分析的内容就是这些数据字，如图 3.30 所示。我们很自然会想到使用有限状态机来实现，每个状态分析 Packet 的一个数据字，需要 7 个状态（1 个 IDLE 状态，6 个 Packet 数据字处理状态）就解决问题了，整个思路非常简单。

"端口声明，状态编码（记得使用 one-hot 编码），状态机描述 always 块、case、if else……"马上就开始 module 的电路描述了。

很快，就会发现这个电路愈来愈难修改，HDL 代码也开始愈来愈丑陋，为什么？

原因很简单，我们将 Packet 数据处理逻辑、状态转换及控制信号混合在一起，当处理逻辑

目的MAC 48				源MAC高半部 16	
源MAC低半部 32		以太网类型 16	V 4	L 4	TOS 8
总包长 16	Id 16	Flag 和偏移 16	生存时间 8		端口 8
校验和 16	源IP 32		目的IP高半部 16		
目的IP低半部 16	源MAC高半部 16	源MAC高半部 16	源MAC高半部 16		
UDP 校验和 16	O	E V	Num Mon Evts	数据包序列号 32	

图 3.30 数据通路中 Packet 包头格式

无法在单个时钟周期完成时,就需要添加新的状态,比如 IP 包头校验和计算电路、转发表的查找逻辑及 TTL 值的更新等。为了增加新的分支,比如丢弃出错的 Packet,代码需要增加许多 if 判断,每一次小小的改动都会引起一连串的问题,简直无法忍受。

是时候考虑改变最初的想法了。

我们先来给状态机减减负,在这个 FSM 中只产生 Packet 处理逻辑的启动/控制信号,将 Packet 处理逻辑另外封装到新的 module 里面,这样我们的 output_port_lookup 也有了简单的设计架构,欣欣然继续前行。

总是会有新的拦路虎,硬件查找 module 的设计(LPM,最长前缀匹配)就是一个很大的难点。记住那句话:站在巨人的肩膀上,赶紧搜索相关的文献和论文,你想要的就在其中。聪明的你最终选择了用 CAM 来实现,只需要掌握现成 IP 核的使用就可以。解决了这个难题再回顾过去,有那么些许的成就感。

到这个时候,module 基本上就可以工作了,然而一次次的仿真调试并不能让你满意:略显臃肿的状态机涉及很多数据字的判断和处理,又要控制数据包的丢弃和正常转发,查找表的组合逻辑电路占用了多个 clock,整个电路结构没有平衡感。这里还有一个问题,数据包处理时需要先完成 IP 目的地址查找,匹配后才能完成 ARP 表的查找,然后需要修改数据包头 MAC 地址的部分,用单个状态机来实现是件令人头疼的事情。

看着这个蹩脚的设计,你心里的那点成就感早就荡然无存了。

这是作者在尝试设计 output_port_lookup 时的一段真实的经历,当看到 Reference Router 中 output_port_lookup 的电路组织结构时,对设计者的敬佩之心油然而生,很想诚恳地问一句:设计之初是受到什么启发才采用这样的结构呢?

揭开 output_port_lookup 的神秘面纱,其精妙之处且听作者娓娓道来。先来看一下如图 3.31 所示的 module 内部结构图,很有均衡感的一个设计。

Packet 在时钟的节拍下并行进入 input_fifo 和 preprocess_control,前者是 32 字的缓冲

第3章 深入浅出 Router 硬件

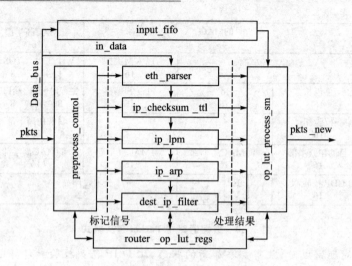

图 3.31 module 内部结构图

池,保证了 Packet 在 output_port_lookup 内部的线速处理;后者是控制中枢,根据 Packet 字进入 module 的顺序依次启动 eth_parser、ip_checksum_ttl、ip_lpm 及 dest_ip_filter(注意:后两个电路同时启动)。

preprocess_control 电路是一个简捷的 FSM,代码如下:

```
case(state)
    SKIP_MODULE_HDRS: begin
        ...
    end
    WORD_1: begin
        ...
    end
    ...
    ...
    WORD_4: begin
        ...
    end
    WAIT_EOP: begin
        ...
    end
endcase
```

在 SKIP_MODULE_HDRS 状态跳过 Packet 头控制字,后面的状态依次根据 in_data 上

Packet 字的内容送出后续处理电路的启动和控制信号,比如 word_MAC_DA_HI、word_MAC_DASA 及 word_MAC_SA_LO 等。

连接 preprocess_control 的 4 个电路只有在检测到启动信号时才开始工作。

① eth_parser 确定帧类型(ARP 或 IP),检查输入 Packet 目的 MAC 地址,输出匹配的端口号。设计者用了两个 always 块、eth_fifo 和一个简单的 FSM 来完成电路的描述,读者可以想想在这里使用 eth_fifo 的好处。

② ip_checksum_ttl 检查 Packet 的 checksum 和 TTL 值,输出新的 checksum 和 TTL 值。这里值得分析的就是 checksum 判断电路(参考 RFC1936 和 RFC1141),核心代码如下:

```verilog
assign next_sum_0 = in_word_0_0 + in_word_0_1 + in_word_0_2;
assign next_sum_1 = in_word_1_0 + in_word_1_1 + in_word_1_2;

always @( * ) begin
    in_word_0_0 = {4'h0, in_data[31:16]};
    in_word_0_1 = {4'h0, in_data[15:0]};
    in_word_0_2 = checksum_word_0;
    in_word_1_0 = {4'h0, in_data[DATA_WIDTH-1:DATA_WIDTH-16]};
    in_word_1_1 = {4'h0, in_data[DATA_WIDTH-17:DATA_WIDTH-32]};
    in_word_1_2 = checksum_word_1;

    if(word_ETH_IP_VER) begin
        in_word_0_0 = 20'h0;
        in_word_0_2 = 20'h0;
    end
    if(word_IP_DST_LO) begin
        in_word_0_0 = {4'h0, in_data[DATA_WIDTH-1:DATA_WIDTH-16]};
        in_word_0_1 = checksum_word_1;
    end
    if(add_carry_1 | add_carry_2) begin
        in_word_0_0 = 20'h0;
        in_word_0_1 = {16'h0, checksum_word_0[19:16]};
        in_word_0_2 = {4'h0,  checksum_word_0[15:0]};
    end

    if(word_IP_LEN_ID) begin
        in_word_1_2 = 20'h0;
    end
end
```

```
if(word_IP_CHECKSUM_SRC_HI) begin
        adjusted_checksum <= {1'h0, in_data[DATA_WIDTH - 1:DATA_WIDTH - 16]} + 17'h0100;
end
if(word_IP_DST_LO) begin
        adjusted_checksum <= {1'h0, adjusted_checksum[15:0]} + adjusted_checksum[16];
        add_carry_1 <= 1;
end
else begin
        add_carry_1 <= 0;
end

if(add_carry_1) begin
        add_carry_2 <= 1;
end
else begin
        add_carry_2 <= 0;
end

if(add_carry_2) begin
        checksum_done <= 1;
end
else begin
        checksum_done <= 0;
end
```

③ ip_lpm 实现 Reference Router 的 LPM(Longest Prefix Matches，最长前缀匹配)，输出下一跳 IP 地址和输出端口号，启动 ip_arp。

④ dest_ip_filter 实现 Packet 目的 IP 地址的过滤，也是一个 32×32 的 CAM 核。

连接在 ip_lpm 后端的是 ip_arp，完成 Reference Router 的 ARP 表查找，输出下一跳主机的 MAC 地址和输出端口号，这里同样使用了一个 CAM 核。

再来看看 ip_lpm、ip_lpm 和 dest_ip_filter 这 3 个 module，它们都使用了相同的结构，包含一个 CAM 核与一个控制 CAM 的 module，这种思路对我们后续的硬件查找设计是很有意义的。

作者在这里阐述一下 CAM 的使用方法，在 Project 中添加 CAM 的关键步骤与 TEMAC 类似，不同的操作如下(以 ip_lpm 为例)：

选择 IP 在 Memories & Storage Elements 下的 CAM 分类，如图 3.32 所示。

单击 Next 进入 CAM 参数选择对话框，这里包含了两页的参数配置，第 1 页如图 3.33 所示。

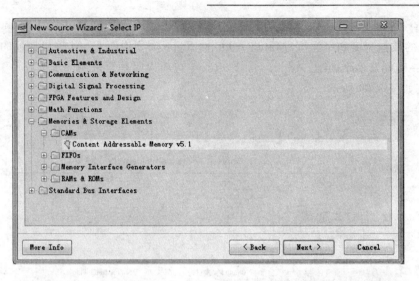

图 3.32 选择 IP 在 Memories & Storage Elements 下的 CAM 分类

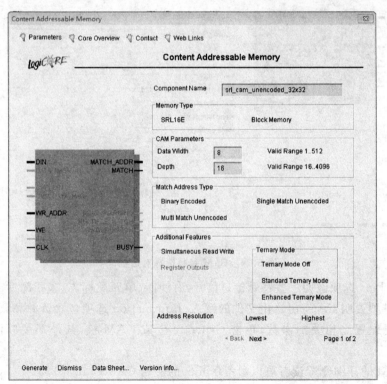

图 3.33 CAM 参数选择对话框 1

Memory Type 选项说明 CAM 的实现方式,有 SRL16E 和 BRAM;CAM Parameters 选项说明 CAM 的数据宽度和字深度;Match Address Type 类型说明 CAM 输出地址的形式,包含二进制、唯一匹配及多个匹配;Additional Features 选项说明是否采用同步读/写。

第 2 页如图 3.34 所示。

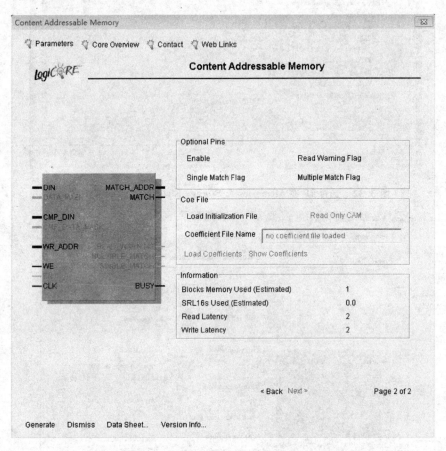

图 3.34 CAM 参数选择对话框 2

Optional Pins 选项说明一些特殊接口信号,有使能、单匹配标志、多匹配标志及读警告标志;Coe File 选项说明 CAM 初始化文件的读入;Information 选项包含资源和读/写延时。根据自己的需要配置完相关的参数,单击 Generate 生成 CAM 核,其外部接口信号如表 3.5 所列。

关于 CAM 的详细介绍读者可以参考 Xilinx 的文档 CAMv5.1_ds253。

unencoded_cam_lut_sm 是一个很有内容的 module,完成硬件查找和 CAM 的读/写。对于不同的应用配置其接口即可,是模块化设计的充分体现,其接口信号如下:

表 3.5　CAM 接口信号表

信号名	方向	功能描述
busy	O	该信号有效说明正在进行写操作，这时不能开始新的写操作；多时钟写操作完成后，该信号依然有效
match	O	当 din 总线上的数据与 CAM 中的数据匹配时，该信号有效；如果同时选择了读/写操作，CAM 中的数据会与 cmp_din 总线上的数据匹配
match_addr	O	数据匹配成功的地址，当同时选择读/写操作时，该地址信号可以是编码的(binary)、单匹配未编码(one-hot)或多匹配未编码
clk	I	所有信号都在 clk 的上升沿采样，输入信号的建立时间和输出信号的 clk_out 时间都依赖于该信号
cmp_din	I	当选择读/写操作时，该输入总线上的信号是读 CAM 的数据，即待匹配的数据
din	I	提供 CAM 的读/写数据，当选择读/写操作时，只用于写操作，即 CAM 数据的初始化
cmp_data_mask	I	该信号标记 cmp_din 上的 don't care 位，该信号为 1 的位说明 cmp_din 上的对应位是 don't care 位
data_mask	I	该信号标记 din 上的 don't care 位，该信号为 1 的位说明 din 上的对应位是 don't care 位
we	I	该信号有效时，将 din 总线上的数据写进 CAM 的 wr_addr
wr_addr	I	写操作时的数据地址

① lookup_xxx 是要查找的数据输入接口和查找结果输出接口，代码如下：

```
input                                        lookup_req,
input           [CMP_WIDTH-1:0]              lookup_cmp_data,
input           [CMP_WIDTH-1:0]              lookup_cmp_dmask,
output reg                                   lookup_ack,
output reg                                   lookup_hit,
output          [DATA_WIDTH-1:0]             lookup_data,
```

② rd_xxx 和 wr_xxx 是寄存器读/写接口，与其他模块的寄存器接口类似。
③ cam_xxx 是链接 CAM 的控制接口。

电路实现首先是一个完成匹配地址编码的组合逻辑 always 块，接着是一个 FSM，代码如下：

```
case(state)
    WAIT_FOR_REQUEST:begin
        ...
```

```
            end
    WAIT_FOR_READ_ACK: begin
            ...
    End
    WAIT_FOR_WRITE_ACK: begin
            ...
            end
endcase
```

在状态 WAIT_FOR_REQUEST 等待匹配结果；在状态 WAIT_FOR_READ_ACK 完成读操作；在状态 WAIT_FOR_WRITE_ACK 完成写操作。

CAM 接口的时序操作代码如下。

```
/* 第 1 级流水线——CAM 查找 */
lookup_latched          <= lookup_req;

/* 第 2 级流水线——CAM 结果/查找输入 */
cam_match_found         <= lookup_latched & cam_match;
cam_lookup_done         <= lookup_latched;
cam_match_unencoded_addr <= cam_match_addr;

/* 第 3 级流水线——编码 CAM 输出 */
cam_match_encoded       <= cam_lookup_done;
cam_match_found_d1      <= cam_match_found;
lut_rd_addr             <= (!cam_match_found && rd_req) ? rd_addr : cam_match_encoded_addr;
rd_req_latched          <= (!cam_match_found && rd_req);

/* 第 4 级流水线——读取查找结果 */
lookup_ack              <= cam_match_encoded;
lookup_hit              <= cam_match_found_d1;
lut_rd_data             <= lut[lut_rd_addr];
rd_ack                  <= rd_req_latched;
```

这段代码采用了 4 级流水线，从请求查找开始（lookup_req 信号有效）；当 CAM 匹配成功时（cam_match 信号有效），记录成功匹配选项的地址（cam_match_addr），此时的匹配地址未编码；完成地址编码后，读取查找结果对应的数据（存储在 lut 中）；将匹配响应信号和读取的数据发送出去。除此之外还包括 CAM 和 lut 存储器的写电路。

以 ip_lpm 对该模块的使用为例：当 dst_ip_vld 信号有效时，unencoded_cam_lut_sm 读取 dst_ip 地址，同时将这个地址送到 CAM 的 cam_din 输入；等到 CAM 完成比较后，从 cam_ match_addr 读取匹配选项的地址,将这个地址编码;使用编码地址从存储器中读取转发端口和下一跳 IP 地址,即 lpm_output_port 和 next_hop_ip。

op_lut_hdr_parser 判断数据包是否来自或送达 CPU。

最后,将 Packet 的处理结果都汇聚到 op_lut_process_sm。op_lut_process_sm 丢弃掉出错的 Packet,修改 Packet 前端控制字,有的发送给 CPU,有的则转发出去,同时将 Packet 统计结果送给寄存器 module。这里的电路描述是一个复杂的 FSM,与 preprocess_control 中的 FSM 结构类似,有点对称的意思。代码如下:

```
case(state)
        WAIT_PREPROCESS_RDY: begin
                ...
            end
        MOVE_MODULE_HDRS: begin
                ...
            end
        SEND_SRC_MAC_LO: begin
                ...
            end
        SEND_IP_TTL: begin
                ...
            end
        SEND_IP_CHECKSUM: begin
                ...
            end
        MOVE_PKT: begin
                ...
            end
        DROP_PKT: begin
                ...
            end
endcase
```

第 1 状态收集相应电路的分析结果,根据这些结果跳转到 DROP_PKT 或 MOVE_MODULE_HDRS;如果是后者则完成 Router 规定的操作和修改,传输修改后的 Packet。

至此,已经完成了 output_port_lookup 的讨论。

然而作者心中的疑惑依然没有明确的答案,不过看着这个设计有点似曾相识的感觉,一次偶然的机会想起单片机的内部结构图,比照 output_port_lookup 的结构,豁然开朗,原来是标准的 CPU 架构——读取 Packet、分析 Packet、执行不同的电路模块、汇集执行结果后再从

FIFO 中读取 Packet。

那么怎么将这种架构用于自己未来的设计呢？

近日阅读的一本书提到了 FSMD(Finite State Machine with Data Path)的设计方法，作者觉得是这种结构的最好诠释。FSMD 顾名思义，其结构分为 data path 和 control path 两部分，如图 3.35 所示。

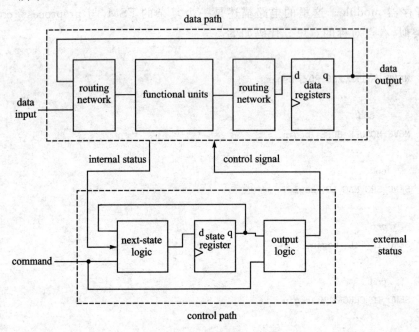

图 3.35　FSMD 结构图

data path 完成电路的具体操作，按照 control path 的信号运行预期的电路，一般来讲：data registers 存储中间结果；functional units 实现特定功能的电路；routing network 选择前两者间的数据流。

control path 是一个 FSM，如果是规则的 FSM，则包括 state register、next-state logic 及 output logic。这个 FSM 使用外部命令信号和 data path 状态信号来产生控制信号，同时也产生指定 FSMD 操作状态的外部状态信号。

再来看看 output_port_lookup 的结构，除了包含 FSMD 外，还补充了一个缓冲 FIFO 和最终结果处理器。在设计复杂电路模块时，可以先按照 FSMD 对模块功能进行划分，然后各个击破来实现。对这种设计方法有兴趣的读者可以参阅 Pong P. Chu 的书《FPGA Prototyping by Verilog Examples》。

另外读者可以看看 80C51 的架构，是否有新的启发？

别忘了寄存器模块 router_op_lut_regs，output_port_lookup 的寄存器实现比前面 module

的寄存器实现要复杂得多,读者可以比较一下二者的优劣。

output_port_lookup 中的寄存器如表 3.6 所列。

表 3.6　output_port_lookup 模块寄存器表

寄存器	功能描述
ROUTER_OP_LUT_ARP_NUM_MISSES	ARP 表不匹配的次数
ROUTER_OP_LUT_LPM_NUM_MISSES	LPM 表不匹配的次数
ROUTER_OP_LUT_NUM_CPU_PKTS_SENT	来自 CPU 的包数目
ROUTER_OP_LUT_NUM_BAD_OPTS_VER	有 IP 选项和非 IPv4 包的数目
ROUTER_OP_LUT_NUM_BAD_CHKSUMS	校验和错误的包数目
ROUTER_OP_LUT_NUM_BAD_TTLS	TTL 值为 0 或 1 的包数目
ROUTER_OP_LUT_NUM_NON_IP_RCVD	非 IP 包的数目
ROUTER_OP_LUT_NUM_PKTS_FORWARDED	硬件转发的包数目
ROUTER_OP_LUT_NUM_WRONG_DEST	MAC 地址不匹配的包数目
ROUTER_OP_LUT_NUM_FILTERED_PKTS	匹配 IP filter 表的包数目
ROUTER_OP_LUT_MAC_0_HI	端口 0 的 MAC 地址高 16 位
ROUTER_OP_LUT_MAC_0_LO	端口 0 的 MAC 地址低 32 位
ROUTER_OP_LUT_MAC_1_HI	端口 1 的 MAC 地址高 16 位
ROUTER_OP_LUT_MAC_1_LO	端口 1 的 MAC 地址低 32 位
ROUTER_OP_LUT_MAC_2_HI	端口 2 的 MAC 地址高 16 位
ROUTER_OP_LUT_MAC_2_LO	端口 2 的 MAC 地址低 32 位
ROUTER_OP_LUT_MAC_3_HI	端口 3 的 MAC 地址高 16 位
ROUTER_OP_LUT_MAC_3_LO	端口 3 的 MAC 地址低 32 位
ROUTER_OP_LUT_ARP_MAC_LO	ARP 表中下一跳 MAC 地址低 32 位
ROUTER_OP_LUT_ARP_MAC_HI	ARP 表中下一跳 MAC 地址高 16 位
ROUTER_OP_LUT_ARP_NEXT_HOP_IP	ARP 表中下一跳 IP 地址
ROUTER_OP_LUT_ARP_LUT_RD_ADDR	读 ARP 表时的选项地址
ROUTER_OP_LUT_ARP_LUT_WR_ADDR	写 ARP 表时的选项地址
ROUTER_OP_LUT_RT_IP	路由表中子网 IP 地址
ROUTER_OP_LUT_RT_MASK	路由表中子网掩码
ROUTER_OP_LUT_RT_NEXT_HOP_IP	路由表中下一跳 IP 地址
ROUTER_OP_LUT_RT_OUTPUT_PORT	路由表中 one-hot 编码输出端口

续表 3.6

寄存器	功能描述
ROUTER_OP_LUT _RT_LUT_RD_ADDR	读路由表时的选项地址
ROUTER_OP_LUT _RT_LUT_WR_ADDR	写路由表时的选项地址
ROUTER_OP_LUT _DST_IP_FILTER_IP	目的 IP filter 表中的 IP 地址
ROUTER_OP_LUT _DST_IP_FILTER_RD_ADDR	读取目的 IP filter 表地址
ROUTER_OP_LUT _DST_IP_FILTER_WR_ADDR	写入目的 IP filter 表地址

尝试使用这个 module 的读者注意了，前一部分主要是相关数据包数目统计寄存器，后一部分主要是 3 个查找表的读/写寄存器。

如何使用这些寄存器来配置查找表呢？

以 dst_ip_filter_table 为例，如果要向表中写入 IP 地址选项，通过寄存器总线接口向寄存器 ROUTER_OP_LUT _DST_IP_FILTER_IP 写入 IP 地址，同时向寄存器 ROUTER_OP_LUT _DST_IP_FILTER_WR_ADDR 写入相应的地址。ARP_table 和 RT_table 的配置方法类似。

下面是作者在 NetFPGA 讨论贴上看到的一个问题，读者可以尝试一下，如果你能迅速地解答它，那么恭喜你可以尽快进入下一章节的学习了。

Hello,

I would like to know the location of the verilog file which is designed to parse Layer 3 (Network Layer) of packets, and what is the module name. In other words, I want to find out the module where the dst_ip_address of the arriving packet is been generated by layer 3 parsing. In hardware circuits, dst_ip_address[31..0] and src_ip address[31..0] are parts of the ip header which I need to read and set to be parts of the signals of input of my module.

In my opinion, they are probably generated by layer 3 parsing, but I could not find out the location of the module to parse layer 3 of packets.

Thank you very much.

3.5.3 管理好输出缓冲

最后一个由作者介绍的 module。

output_queues 的功能非常简单，将 Packet 根据其控制字提交给对应的队列。简单的事情往往不简单，看完 output_queues 的设计你就明白了，这里需要考虑一个 Packet 缓存的问题。

先来看看 oq_header_parser，解码 Packet 包头控制字中的标记信号，确定输出端口。主 FSM 的代码如下：

```
case (state)
    IN_WAIT_DST_PORT_LENGTH: begin
        ...
    end
    IN_WAIT_PKT_DATA: begin
        ...
    end
    IN_WAIT_EOP: begin
        ...
    end
endcase
```

3个状态分别完成Packet头控制字的确认、Packet数据转发及Packet结尾确认。

store_pkt将接收到的Packet存储到缓存池中,并记录下Packet在缓存池中的地址,电路描述FSM的代码如下:

```
case (state)
    ST_WAIT_DST_PORT: begin
        ...
    end
    ST_READ_ADDR: begin
        ...
    end
    ST_LATCH_ADDR: begin
        ...
    end
    ST_MOVE_PKT: begin
        ...
    end
    ST_WAIT_FOR_DATA: begin
        ...
    end
    ST_WAIT_EOP: begin
        ...
    end
    ST_DROP_PKT: begin
        ...
    end
endcase
```

第1个状态等待一个可用的Packet;第2个状态请求目标地址;第3个状态记录写地址;

后面几个状态依次是 Packet 的传输和丢弃。

remove_pkt 从缓存池中读取 Packet，然后写进 tx_fifo。它的主 FSM 与 store_pkt 中的类似，有兴趣的读者可以深入分析其源代码。

希望读者能解答下面几个问题：output_queues 设计的亮点到底在哪里？为什么要这么设计？添加一个缓冲池的好处，能够解决什么问题？

output_queues 的寄存器如表 3.7 所列。

表 3.7 output_queues 模块寄存器表

寄存器	功能描述
OQ_NUM_PKT_BYTES_STORED	存储在队列中的字节数
OQ_NUM_OVERHEAD_BYTES_STORED	按 module headers 计算时队列中的字节数
OQ_NUM_PKT_STORED	存储在队列中的包数目
OQ_NUM_PKT_DROPPED	因队列满而丢弃的包数目
OQ_NUM_PKT_BYTES_REMOVED	从队列中送出的字节数目
OQ_NUM_OVERHEAD_BYTES_REMOVED	按 module headers 计算时送出的字节数目
OQ_NUM_PKTS_REMOVED	从队列中送出的包数目
OQ_ADDRESS_HI	存储器缓冲 buffer 的高地址
OQ_ADDRESS_LO	存储器缓冲 buffer 的低地址
OQ_WR_ADDRESS	当前写指针
OQ_RD_ADDRESS	当前读指针
OQ_NUM_PKTS_IN_Q	当前队列中等待处理的包数目
OQ_MAX_PKTS_IN_Q	队列中的最大包数目
OQ_FULL_THRESH	队列中的最大字数
OQ_NUM_WORDS_IN_Q	当前队列中等待处理的字数目
OQ_CONTROL	output_queues 控制寄存器

3.5.4 SRAM 接口设计

为什么要单独讨论 Reference Router 中的 SRAM 控制器？

众所周知，在 FPGA 应用系统中，如何设计用户逻辑和片外存储器之间的接口已经显得越来越重要，尤其是高速存储器接口电路的设计，更是一个富有挑战的任务。一般来说，典型的高速存储器接口有源同步和 DDR（双倍数据速率）两种技术形式：前者指的是时钟信号沿着数据同步传输；后者在时钟的正沿或负沿都对数据进行采样，其内部的数据总线是接口数据总线的两倍宽。这里使用的片外存储器是前一种接口,前文已经介绍过的 ZBT SRAM。

我们来看看这种 SRAM 的特殊之处。

通常所说的同步 SRAM 在由读到写操作转换的过程中,需要几个空操作,因此在读/写操作比较频繁的应用中,会存在总线利用率不高的问题。而 ZBT SRAM 在读/写操作转换时,不需要任何等待周期,这样一来总线利用率始终为 100%,最大限度地利用了总线带宽,两种读/写时序如图 3.36 所示。

ZBT SRAM 芯片有 pipelined 和 flowthrough 两种类型。NetFPGA 上的 CY7C1370C 属于前一种,它比 flowthrough 型有更高的操作频率,但是却有更长的数据延时,在每次读/写操作时,有效数据都会在地址和控制信号有效的两个时钟周期后才出现在总线上,如图 3.37 所示。

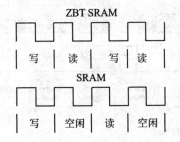

图 3.36 ZBT SRAM 与 SRAM 读/写时序图

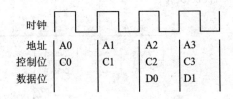

图 3.37 CY7C1370C 读/写时序图

(1) 设计步骤

如何设计 ZBT SRAM 的接口电路呢?

按照作者的理解,这种电路是用户逻辑访问存储器的桥梁,用于将存储器端的复杂读/写时序转换成用户端的简单时序。

所以设计的第 1 步是熟悉存储器的操作时序,读/写时序如图 3.38 所示。

读操作初始化时需要时钟使能信号有效、芯片使能信号有效、写信号无效及地址锁存信号有效,随后的第 1 个 clock 锁存要读取的地址;第 2 个 clock 将要读的数据放到数据输出总线上。

写操作初始化时需要时钟使能信号有效、芯片使能信号有效及写信号有效,随后的第 1 个 clock 通过控制 OE 信号使得数据总线处于三态,这时将要写入的数据放到数据总线上,同时锁存要写入的地址;第 2 个 clock 再写入一个字节的数据,完成写操作。在写操作期间,使用字节使能信号选择 4 个字节中的某一个。

第 2 步就是将这种复杂的时序转换成简单的用户端时序,具体为:当用户端请求写时,在送出确认信号的同时完成 SRAM 的写操作初始化时序,同时将要写的数据放到 SRAM 数据总线上,控制好不同时钟的调度;用户请求读也是一样,需要注意的是处理好读/写操作之间的

第 3 章 深入浅出 Router 硬件

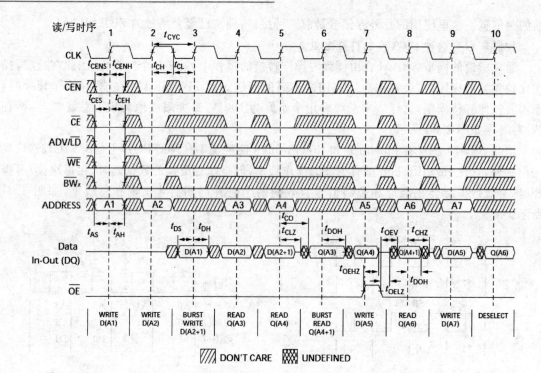

图 3.38 存储器的操作时序图

时序切换,先来看看 Reference Router 中的电路。

(2) Router 中的电路

Reference Router 使用片外存储器来做 Packet 的缓冲池,output_queues 中的 store_pkt 将 Packet 缓存在 SRAM 中,然后 remove_pkt 从 SRAM 的指定位置读取 Packet。存储器控制器模块 sram_arbiter 来完成对 SRAM 的读/写,其接口信号包括两部分:用户端接口和 SRAM 端接口。

用户端接口的代码如下:

```
input                                  wr_0_req,
input      [SRAM_ADDR_WIDTH-1:0]       wr_0_addr,
input      [SRAM_DATA_WIDTH-1:0]       wr_0_data,
output                                 wr_0_ack,

input                                  rd_0_req,
input      [SRAM_ADDR_WIDTH-1:0]       rd_0_addr,
output     [SRAM_DATA_WIDTH-1:0]       rd_0_data,
output                                 rd_0_ack,
```

```
output                                      rd_0_vld,
```

这部分接口有读和写两组信号,每一组信号都是在系统时钟 clk 的上升沿采样,并且包含请求、应答、地址及数据信号。

SRAM 端接口的代码如下:

```
output      [SRAM_ADDR_WIDTH-1:0]       sram_addr,
output                                  sram_we,
output      [SRAM_DATA_WIDTH/9-1:0]     sram_bw,
output      [SRAM_DATA_WIDTH-1:0]       sram_wr_data,
input       [SRAM_DATA_WIDTH-1:0]       sram_rd_data,
output                                  sram_tri_en,
```

这部分接口与 SRAM 的引脚相对应,包括地址、写使能、字节使能、写数据、读数据及三态控制信号。

再来看看 sram_arbiter 内部电路的设计,第 1 个 FSM 完成访问类型的切换,代码如下:

```
case (state)
    IDLE: begin
        ...
    end
    BUSY: begin
        ...
    end
endcase
```

在状态 IDLE:当有读/写请求时(wr_req 或 rd_req 有效),完成地址锁存和操作时钟计数器的置数。在状态 BUSY:当操作完成时返回状态 IDLE(操作时钟计数器清零),相反送出 ack 信号,同时依然锁存地址。

另一个 FSM 和一个组合逻辑电路完成读/写操作的切换,代码如下:

```
case (current_port)
    WR: begin
        ...
    end
    RD: begin
        ...
    end
endcase
```

第 3 部分电路完成写数据的锁存和数据有效前的两个 clock 延时,前一部分代码如下:

```
assign sram_addr       = (ld_addr) ? addr_nxt : sram_addr;
assign sram_wr_data    = wr_data_ph1;
assign sram_tri_en     = tri_en_ph1;
assign sram_we         = (access_nxt == WRITE) ? 0 : 1;    /* 低有效 */
assign sram_bw         = (access_nxt == WRITE) ? 0 : ~0;   /* 低有效 */
```

作者在分析 sram_arbiter 的源码时,有颇多疑惑,后来又分析了 Xilinx 提供的参考设计 xapp136,这个设计的内部结构相对清晰些,模块 SRAM 端的接口和芯片引脚一一对应,电路包含了数据流水线 module、双向 IO、地址转换、控制信号及时钟模块。

有兴趣的读者可以在 ftp://ftp.xilinx.com/pub/applications/xapp/下载 xapp136 的源代码。

3.5.5 留给读者的电路

不介绍的并不是次要的。

经历前面几个 module 的讨论,不知读者是否理解了这种想问题和做设计的思路,这里绝对不是为了介绍而介绍,作者衷心地希望读者在了解 Reference Router 的基础上体会一种思考/设计、修改/思考、实现的过程式设计方法。鉴于此,将两个重量级的 module 留给读者自己慢慢体会:cpu_dma_queue 和 nf2_dma。

可以先尝试回答这些问题:module 内部为什么要这样设计? 有没有更好的结构? 为什么选择这样的电路描述代码? nf2_dma 的内部结构非常有意思,同时还可以深入研读 dma_engine 来理解 DMA 传输机理。

cpu_dma_queue 外部接口如图 3.39 所示。

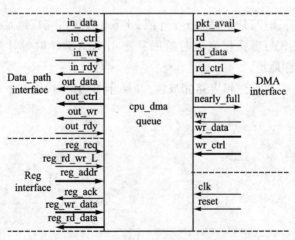

图 3.39 cpu_dma_queue 模块接口图

cpu_dma_queue 的寄存器如表 3.8 所列。

表 3.8　cpu_dma_queue 模块寄存器表

寄存器	功能描述	寄存器	功能描述
CPU_REG_WR_DATA_WORD	写数据字	CPU_REG_RD_NUM_WORDS_AVAIL	可用的字数目
CPU_REG_WR_CTRL_WORD	写 Ctrl 控制字	CPU_REG_RD_NUM_PKTS_IN_Q	读出队列中的数目
CPU_REG_WR_NUM_WORDS_LEFT	队列中等待送出的字数目	CPU_REG_RD_NUM_PKTS_SENT	读取后送出的包数目
CPU_REG_WR_NUM_PKTS_IN_Q	写入队列中的包数目	CPU_REG_RD_NUM_WORDS_SENT	读取后送出的字数目
CPU_REG_RD_DATA_WORD	读数据字	CPU_REG_RD_NUM_BYTES_SENT	读取后送出的字节数目
CPU_REG_RD_CTRL_WORD	读 Ctrl 控制字		

问题：cpu_dma_queue 中什么信号来决定启动一次 DMA？

3.6　数据交互的 PCI 接口

读者回顾一下 3.2 节的 Reference Router 俯瞰图，cpci_top 完成其中的 PCI 总线部分，在实现 PCI 总线接口控制的基础上，建立 DMA 和 Register 两种数据通道。module 内部实例化了一个 Xilinx 提供的软核 pcim_top，这个 IP 在 Core Generator 工具中的选择界面如图 3.40 所示。

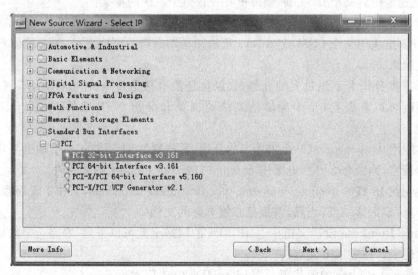

图 3.40　pcim_top 在 Core Generator 工具中的选择界面

生成该 IP 核后，进行相关设计时需要注意：一旦器件完成配置，PCI 核的初始化过程会将

第3章 深入浅出 Router 硬件

PCI 总线引脚置为三态；在分配引脚时不能将 PCI 总线接口配置在器件的双向 I/O 上；要通过输入信号 SLOT64 来确定 PCI 核的总线是 32 位还是 64 位；总线的输出时钟和该时钟的使能需要额外的考虑，不同的方案会影响电路的性能。

另外，dma_engine 完成 Router HW 与驱动程序之间大块数据的双向传输，其中读操作是指从 CNET 到内存的数据传输，反之则为写操作。cnet_reg_access 完成驱动对 Router HW 中寄存器的访问，同时还包含了对 SRAM 的读/写。

NetFPGA 平台上，PCI 这部分的工作是独立在板上的 Spartan3 器件中完成的，因此其与整个 V2P 中逻辑设计关系并不密切，所以本书不进行详细介绍。

3.7 HDL 源码探究

> 唯有把 MFC 骨干程序的每一个基础动作弄懂，甚至观察其原始码，才能实实在在掌握 MFC 这一套 Application Framework 的内涵，及其物件导向的精神。我向来服膺一句名言：原始码说明一切，所以，我挖 MFC 原始码给你看。
>
> ——侯俊杰

作者刚开始接触 Reference Router 的硬件源代码时，心存很多疑问，但是你只要努力地细细分析，一步一步地坚持下去，就会发现越来越清楚明了。

在开始之前作者谈一点自己在学习这些源代码时的感受，应该有这么几重境界：
① 能迅速定位到某个 module，脑海里有一张整个系统的框架图。
② 每个 module 都能迅速定位到某个 FSM 和某个 always 块，脑海里是对应的电路。
③ 能分析出使用某个 FSM 或 always 块描述预期电路的可取之处，至少能够将算法和电路一一对应起来。

关于语言本身作者不想过多的介绍，如果你还没有接触过 VerilogHDL，不用畏惧，花费很短的时间就可以掌握它，至少能够达到快速浏览和分析 NFP 中的 VerilogHDL 源码的水平。

假如你刚刚从 opencores（一个很著名的开源 IP 核网站）上下载了一个马上要用的 IP 核，为了尽快读懂它，你会怎么办？赶紧用 notepad 打开 top module 的源代码。

作者会先找 IP 核的 design document、specification 或 datasheet，对初学者而言，文档总是胜于代码本身，牢记这一点，当然，前提是必须有好的文档。

Reference Router 的设计文档在 NetFPGA 的网站上就可以下到，看完这个文档就可以开始浏览源代码了。注意以下几点：
① Reference Router 的源代码是 VerilogHDL2001 版本。
② 从顶向下的阅读顺序是百试不爽的。
③ 每个 module 的寄存器实现和读/写都是一个独立的 module，内部结构统一。

④ 每阅读完一个 module，尝试去画出其结构图。

推荐两本 VerilogHDL 的书给读者：夏宇闻老师的《复杂数字电路与系统的 VerilogHDL 设计技术》是作者的启蒙读物；Stuart Sutherland 的《VerilogHDL Quick Reference Guide》是最全面的语法介绍书籍之一。

(1) Router HW 的 Verilog 源代码

Router HW 的 Verilog 源代码是有一定规模的，主要包含两部分。UFPGA 内电路的所有源码文件都在 NFP 包中的 NF/lib/verilog 目录下，如图 3.41 所示。

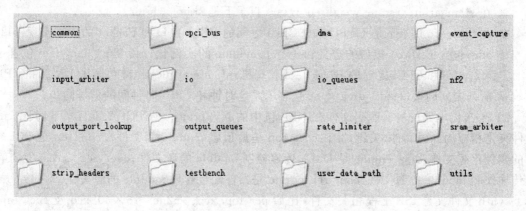

图 3.41　Verilog 文件夹中的各个 module

一般来讲，module 的文件夹中有 src 和 synth 文件夹，前者是 Verilog 源码文件（.v），后者是 ISE 工程相关文件（.ucf 或 .xco）。

下面作者将详细介绍每个文件夹中包含的 Verilog 源码。

- 在 common/src21 目录下是系统的宏定义文件和 memory 的仿真模型：global_defines 包含了 PCI 总线、CPCI 总线、SRAM 及 DRAM 接口的的定义；NF_2.1_defines 包含了时钟、寄存器位宽及地址的定义；udp_defines 包含了 user_data_path 的寄存器位宽及地址的定义；ddr2 和 cy7c1370 是 DDR2 SDRAM 和 SRAM 的仿真模型；
- 在 cpci_bus/src 目录下是 CPCI 总线接口的描述；
- 在 nf2/generic_top/src 目录下是 Reference Router 的最顶层 module nf2_top，还有 rgmii_io 和 dump；
- 在 nf2/reference_core/src 目录下是 nf2_core 和 nf2_reg_grp；
- 在 io_queues/ethernet_mac/src 目录下是 nf2_mac_grp、rx_queue、tx_queue 及 mac_grp_regs；
- 在 user_data_path/reference_user_data_path/src 目录下是 user_data_path 和 udp_reg_grp；
- 在 input_arbiter/rr_input_arbiter/src 目录下是 input_arbiter 和 in_arb_regs；

- 在 output_port_lookup/cam_router/src 目录下是 output_port_lookup、preprocess_control、eth_parser、ip_lpm、ip_arp、dest_ip_filter、ip_checksum_ttl、op_lut_hdr_parser、op_lut_process_sm 及 router_op_lut_regs;
- 在 output_queues/sram_rr_output_queues/src 目录下是 output_queues、oq_header_parser、store_pkt、remove_pkt 及 oq_regs;
- 在 utils/src 目录下是 fallthrough_small_fifo、pulse_synchronizer、small_fifo 及 device_id_reg;
- 在 sram_arbiter/sram_weighted_rr/src 目录下是 sram_arbiter。
- 在 dma/src 目录下是 UFPGA 与 CPCI 之间的 DMA 接口和 Packet 的传输实现:nf2_dma 包含了 DMA 接口的定义和 3 个子 module 的实例化;nf2_dma_bus_fsm 包含了 nf2_core 和 CPCI 之间的 DMA 总线状态机;nf2_dma_que_intfc 包含了 DMA 和 CPU 队列之间的接口;nf2_dma_sync 包含了系统时钟和 CPCI 时钟间的信号同步;

CFPGA 内电路的所有源码文件在 NFP 包中的 NF/projects/CPCI_2.1 目录下,其中 src 文件夹是相应的源码文件,关键的有:cpci_top 是最顶层 module 源文件;pcim_top 是 PCI 软核的实例化源文件;dma_engine 是 DMA 传输控制 module 的源文件;cnet_reg_access 是寄存器传输控制 module 的源文件;cnet_reprogram 是器件配置管理 module 的源文件。

synth 文件夹是 ISE 工程相关文件,比如 pci_top.xco、pci2net_16×60.xco 及 cpci_top.ucf 等。

(2) Router HW 中 module 的编码风格

了解了源代码目录的层次结构,再来看看 module 的编码风格。Reference Router 中的 module 都是统一的代码结构,通常包含以下几部分,以 input_arbiter 为例。

① module 名和功能描述,代码如下:

```
// Module: input_arbiter.v
// Project: NF2.1
// Description: Goes round-robin around the input queues and services one pkt
//              out of each (if available). Note that this is unfair for queues
//              that always receive small packets since they pile up!
////////////////////////////////////////////////////////////////////////////////
```

② 参数和端口列表,一般包括 3 部分:Packets_data_path 总线接口、Register_data_path 总线接口及系统信号,代码如下:

```
module input_arbiter
#(parameter DATA_WIDTH = 64,
    parameter CTRL_WIDTH = DATA_WIDTH/8,
    parameter UDP_REG_SRC_WIDTH = 2,
    parameter STAGE_NUMBER = 2,
```

```verilog
    parameter NUM_QUEUES = 8
)
(/* 数据路径接口 */
output reg [DATA_WIDTH-1:0]              out_data,
output reg [CTRL_WIDTH-1:0]              out_ctrl,
output reg                               out_wr,
input                                    out_rdy,
/* 接口到 rx 序列 */
input      [DATA_WIDTH-1:0]              in_data_0,
input      [CTRL_WIDTH-1:0]              in_ctrl_0,
input                                    in_wr_0,
output                                   in_rdy_0,
    ...
input      [DATA_WIDTH-1:0]              in_data_7,
input      [CTRL_WIDTH-1:0]              in_ctrl_7,
input                                    in_wr_7,
output                                   in_rdy_7,
/* 寄存器接口 */
input                                    reg_req_in,
input                                    reg_ack_in,
input                                    reg_rd_wr_L_in,
input      [`UDP_REG_ADDR_WIDTH-1:0]     reg_addr_in,
input      [`CPCI_NF2_DATA_WIDTH-1:0]    reg_data_in,
input      [UDP_REG_SRC_WIDTH-1:0]       reg_src_in,

output                                   reg_req_out,
output                                   reg_ack_out,
output                                   reg_rd_wr_L_out,
output     [`UDP_REG_ADDR_WIDTH-1:0]     reg_addr_out,
output     [`CPCI_NF2_DATA_WIDTH-1:0]    reg_data_out,
output     [UDP_REG_SRC_WIDTH-1:0]       reg_src_out,
/* --- Misc */
input                                    reset,
input                                    clk
);
```

③ 内部参数定义如下：

```verilog
/* ------------ Internal Params -------- */
parameter NUM_QUEUES_WIDTH = log2(NUM_QUEUES);
parameter NUM_STATES = 1;
parameter IDLE = 0;
```

```
parameter WR_PKT = 1;
```

④ 内部 wires 和 regs 如下：

```
/* -------------- regs/wires ----------- */
wire [NUM_QUEUES-1:0]              nearly_full;
wire [NUM_QUEUES-1:0]              empty;
```

⑤ 调用的 module 如下：

```
small_fifo
    #(.WIDTH(DATA_WIDTH + CTRL_WIDTH),
      .MAX_DEPTH_BITS(2),
      .NEARLY_FULL(2**2-1))
in_arb_fifo
    (/*输出*/
     .dout                         ({fifo_out_ctrl[i], fifo_out_data[i]}),
     .full                         (),
```

⑥ FSM 的描述都采用两段式，第 1 段是组合逻辑电路，代码如下：

```
always @(*) begin
    state_next = state;
    case(state)
        IDLE:begin
        ...
        end
            WR_PKT: begin
        ...
        end
        endcase
```

第 2 段是时序逻辑电路，代码如下：

```
always @(posedge clk) begin
    if(reset) begin
        state <= IDLE;
    end
    else begin
        state <= state_next;
end
```

了解上面的内容，读者一方面可以加快自己学习 Reference Router 设计的速度，另一方面也可以在自己的设计中采用相同的编码风格。

第 4 章

深入浅出 Router 软件

4.1 驱动程序的结构

驱动是什么？
一个与设备打交道的程序。
驱动如何与设备通信？
依赖于各种功能函数和系统调用。

4.1.1 驱动概述

作为一个 Linux 设备驱动程序开发人员，你需要的是了解如何与许多的内核子系统一起工作。

——《Linux 设备驱动程序》

Linux 设备驱动程序是 Linux 操作系统的重要组成部分，玩转驱动程序的前提是玩转操作系统。当然现在大家开发一般都是用到什么看什么，这也是学习驱动开发的捷径。

作者将要阐述的是自己在二次开发过程中阅读和修改驱动程序的一点笔记：Reference Router 已有的驱动程序架构、应用方法以及对最初设计的一些猜想。在这里，作者试图让读者能够理解驱动上层的软件和下层的硬件设备是如何协同工作的。

大家都知道，驱动程序在操作系统中扮演了重要的角色，它将硬件设备的各种细节隐藏起来，提炼出一个统一的接口面对用户。一般来讲，至少应该提供如下几个入口函数：

- 引导过程调用的初始化函数；
- 打开和释放函数；
- 用于数据传输的读/写函数；
- 中断处理函数；
- I/O 控制函数。

对于大多数开发人员来说，NetFPGA 已有的驱动程序完全可以满足设计的需要，不过，熟悉驱动程序的工作方式对硬件开发也是很有益处的。图 4.1 就是 NetFPGA 驱动程序和应

第 4 章 深入浅出 Router 软件

用软件的架构。

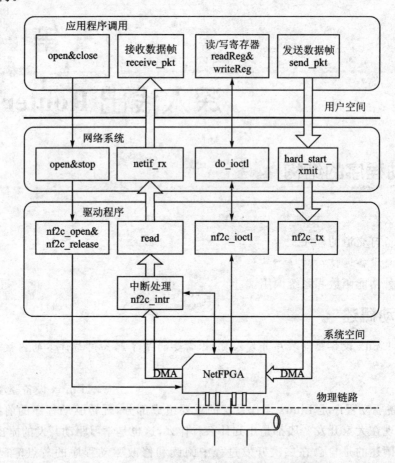

图 4.1 NetFPGA 驱动程序和应用软件的架构图

根据功能与权限的不同,操作系统空间划分为用户空间和系统空间,应用程序都运行在用户空间,操作系统内核则运行在系统空间。驱动程序大多运行在系统空间,直接控制和操作硬件设备;在用户空间编写驱动程序的难度会低一些,但有很多缺陷,比如中断不可用、内存映射后才能直接访问内存、响应时间慢等,还有用户空间不能直接处理网络接口等重要设备。

NetFPGA 板卡通过 PCI 接口与主机通信和交换 Packet,驱动程序完成对板卡的控制以及数据传输,比如应用软件通过驱动程序来配置板卡里面的寄存器,设定各种功能参数,通过 DMA 传输来完成数据包的发送和异常包的接收。

4.1.2 NetFPGA 驱动简介

NetFPGA 目前提供 Linux 和 Windows 两个平台上的驱动,作者主要的工作都是在

Linux 平台上完成的,对 Windows 平台也不熟悉,因此将在本节详细阐述 NetFPGA Linux 驱动程序的实现,介绍其工作原理以及程序中使用的关键函数。在 NF/lib/C 目录下可以看到 NetFPGA 驱动程序的源代码文件,打开 C 文件夹,如图 4.2 所示。

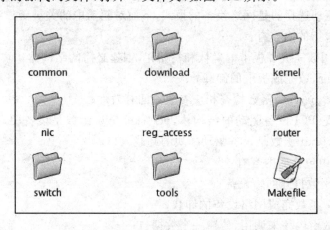

图 4.2　NetFPGA 驱动程序的源代码文件

各个文件夹的内容介绍如下:

① common 文件夹下是一些基于驱动程序的实用函数,上层应用软件通过调用这些函数来操控硬件设备,包含的文件有 nf2util.c、util.c、reg_defines.h、nf2.h 等,在 4.2 节将会详细介绍。

② kernel 文件夹下是驱动程序文件,包含的文件有 nf2main.c、nf2_control.c、nf2_user.c、nf2util.c 等。

③ 其他文件夹下是一些与应用相关的 C 程序:download 中的代码用于将配置文件下载到 FPGA,有一个源码文件 nf2_download.c;nic 中的代码用于统计 NetFPGA 4 个端口的 Packet,比如接收和丢弃的 Packet 数目、接收的字节数目和端口发送的 Packet 数目等,有一个源码文件 counterdump.c;reg_access 下是读/写寄存器的示例,有两个源码文件 regread.c 和 regwrite.c;router 下是一些与 Reference Router 相关的 C 程序,包括管理 ARP 表和 IP 表的 cli.c、显示寄存器值的 regdump.c 以及显示硬件当前状态的 show_stats.c;switch 下的 C 程序也是用于显示各个状态寄存器的值;tools 下是两个 C 应用程序;wf 下是写寄存器程序。每个文件夹中除了源码文件,还包含 Makefile 文件。

④ Makefile 文件夹下是进行编译的脚本文件,在 6.4.3 节会进行简单介绍。

另外,在 NF2/projects/selftest 目录下是相应工程的专用测试 perl 脚本文件,以 Reference Router 为例,它包含了 lpm、ipdest_filter 及 lut_forward 等硬件操作的测试,读者在开发自己的 Project 时可以参考这些程序。

NetFPGA 是一个拥有 PCI 接口的板卡,因此这里的驱动主要包含两部分:一是要完成板卡 PCI 规范的内容,包括获取 PCI 的 I/O 空间、PCI 内存空间到 CPU 空间的映射、中断处理等内核函数;另外就是完成 NetFPGA 板卡的主要工作,比如寄存器读/写、Packet 发送/接收和硬件模块功能的配置,可以将这些功能按照网络设备来实现,也可以按照字符设备来实现。NetFPGA 板卡的驱动选择的是网络设备的模式,下面对驱动中的关键函数进行简单介绍。

nf2main.c 中包括的内容有:
- nf2_probe 函数完成了板卡的确认和初始化,创建必需的结构体;
- nf2_remove 函数完成板卡的卸载;
- nf2_validate_params 函数检查相应参数值的有效性;
- pci_driver 是 PCI 设备驱动的结构体,pci_skel_init 函数是设备驱动模块的初始化入口,pci_skel_exit 函数是设备驱动模块的卸载入口。

nf2_control.c 中包括的内容有:
- nf2c_open 函数打开网络设备;
- nf2c_release 函数完成网络设备的卸载;
- nf2c_tx 函数由内核来调用,传输一个数据包;
- nf2c_send 函数通过 DMA 传输完成数据包发送;
- nf2c_rx 函数接收一个数据包,解封装后提交给上层程序;
- nf2c_ioctl 函数处理 ioctl 操作;
- nf2k_reg_read 和 nf2k_reg_write 分别完成寄存器的读/写操作;
- nf2c_intr 是中断处理函数,完成数据包的 DMA 传输;
- nf2c_init 函数完成网络设备的初始化;
- nf2c_probe 函数网络设备的探测和板卡初始化;
- nf2c_remove 函数完成网络设备的卸载。

作者将在下文对这些函数的实现进行详细阐述,读者可以对应着分析相应的 C 源代码。

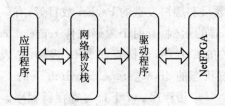

图 4.3 NetFPGA 驱动在整个系统中的地位

NetFPGA 驱动在整个系统中的地位可以简单地描述如下:硬件板卡完成数据的处理,通过 PCI 总线与主机进行通信,驱动实现 NetFPGA 与 CPU 之间的通信,其中包括数据包传输和寄存器的读/写,上层软件则通过网络子系统来与驱动层进行通信,完成数据在用户空间与系统空间的传输。从图 4.3 来看更清晰。

为什么驱动和应用程序之间有个网络协议栈?因为应用程序需要通过操作系统来访问驱动提供的功能,NetFPGA 是个网络型板卡也就顺理成章地实现成网络设备驱动,也可以把它实现成字符设备。

4.1.3 PCI 驱动介绍

PCI(Peripheral Component Interconnect)是用于将周边设备与处理器高速结合起来的总线标准,在如今的计算机系统里得到了广泛的应用。使用 PCI 总线的设备理论上可以达到峰值为 133 MB/s 的数据传输率,实际使用中由于设备自身原因和总线繁忙是到不了理论值的,达到 60 MB/s 的平均传输速率还是有可能的。

PCI 总线在计算机系统中的地位如图 4.4 所示,它是独立于处理器的,属于次高速总线,连接了许多高速外设并通过"桥"与系统总线连接。

(1) PCI 驱动需要做些什么

PCI 驱动涉及的内容有中断号获取、设备内存空间、I/O 空间映射和配置空间访问。在驱动程序运行之前,实际上操作系统内核已经完成了设备内存和 I/O 空间到系统空间的映射,这部分工作是通过主板上的 PCI 固件(BIOS)存取 PCI 设备上的配置空间寄存器实现的,有兴趣的读者可以在《Linux 设备驱动程序》的相关章节中找到详细的说明。

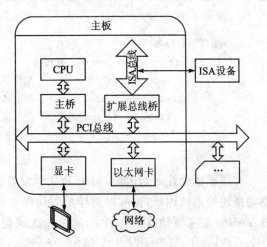

图 4.4 PCI 总线在计算机系统中的地位

NetFPGA 驱动的 PCI 相关部分包含设备探测(nf2_probe)和设备卸载(nf2_remove),二者又分别调用了网络设备的探测和卸载函数。PCI 驱动包括以下几个重要函数和数据结构。

① 硬件设备标识。

```
//生产商标识和设备 ID,用于内核来识别它所能驱动的硬件设备
static struct pci_device_id ids[] = {
    { PCI_DEVICE(PCI_VENDOR_ID_STANFORD, PCI_DEVICE_ID_STANFORD_NF2), },
    { 0, }
};
MODULE_DEVICE_TABLE(pci, ids);
```

上面这个 struct 相当于驱动程序与硬件板卡之间的识别签名,用来给系统内核说明该驱动程序能操作什么样的硬件板卡。

结构中的 PCI_VENDOR_ID_STANFORD 是一个 16 位寄存器,用来标识一个硬件生产商标识,比如,每个 Intel 设备都标有相同的供应商号 0x8086;PCI_DEVICE_ID_STANFORD_NF2 是另一个 16 位寄存器,由供应商来选择,这两个标识组成一个唯一的 32 位标识来确定一个硬件设备。读者在这两个标识中可以看到 STANFORD 和 STANFORD_NF2 后缀,正如

前面描述的一样。

这个PCI_DEVICE_ID结构需要被输出到用户空间,让热插拔和模块加载系统知道该硬件设备对应的模块,宏MODULE_DEVICE_TABLE就完成这个任务。一般来讲,系统在内核里会维护一张表,存储了模块加载系统各种类型的驱动对应的板卡标识。当系统探测到一个硬件设备时,会先到这个表里来寻找与设备对应的驱动程序。MODULE_DEVICE_TABLE在PCI驱动列表里新增一项当前的驱动标识。

② 驱动程序本身的标识。

```
//驱动程序和设备联系的参数和接口
    static struct pci_driver pci_driver = {
        .name = "nf2",          //设备名
        .id_table = ids,        //设备ID
        .probe = nf2_probe,     //设备获取函数接口
        .remove = nf2_remove,   //设备卸载函数接口
    };
```

为了被正确注册到内核,每个PCI驱动都必须创建一个struct pci_driver结构,用于将本驱动描述给系统内核,也可以看作是驱动程序和PCI设备联系的纽带。这里只包含了4个成员:.name定义驱动唯一的名字,通常设置成与驱动模块的名字相同,它显示在/sys/bus/pci/drivers/目录下;.id_table定义指向struct pci_device_id的指针;.probe和.remove定义指向设备获取和卸载的函数接口。

另外,作为一个模块驱动程序也包括一个模块初始化函数:

```
static int __init pci_skel_init(void)
```

和一个模块注销函数:

```
static void __exit pci_skel_exit(void)
```

模块初始化函数的实现是调用函数pci_register_driver(&pci_driver),用一个带有指向struct pci_driver的指针调用pci_register_driver在系统内核完成驱动程序的注册。当驱动被卸载时,通过调用pci_unregister_driver函数完成pci_driver从内核中的注销。

(2) PCI设备内部机理

下面作者将试图阐述PCI设备从上电到驱动装载,一直到用户调用的内部机理。

每个PCI设备都会包含3种地址空间:配置空间、I/O空间和内存空间。每个PCI设备功能都有一个256字节的配置空间,用于存储设备的配置信息,通过专门的读/写接口来访问(pci_read_config_byte/word和pci_write_config_byte/word),I/O空间和内存空间可以在设备运行时存储数据或与主机进行数据交互。在计算机系统上电时,由系统固件协同配置空间完成PCI设备内存和I/O端口向计算机的地址空间的映射,启动完成后访问该地址区域就是

访问设备的相应地址。

启动的同时固件还为设备分配了一个中断号,这些信息都记录在系统文件/proc/pci 和/proc/bus/pci/devices 里。

装载驱动程序时通过 PCI 注册函数(pci_register_driver)向系统内核注册 PCI 驱动程序,并在 pci_driver 的.id_table 里申明该驱动对应的硬件设备 ID,这样就建立好了 PCI 驱动和 PCI 设备之间的对应关系,同时系统在注册函数返回之前调用驱动程序中的设备探测函数,完成设备初始化工作。

设备探测函数如下:

```
static int __devinit nf2_probe(struct pci_dev * pdev, const struct pci_device_id * id)
```

在设备初始化时,nf2_probe 函数完成了 PCI 设备的确认/使能、板卡私有结构体的分配和所有的初始化操作。

卸载驱动时系统会调用设备移除函数:

```
static void nf2_remove(struct pci_dev * pdev)
```

简单总结一下,驱动模块在初始化的时候向系统注册一个 PCI 设备驱动,并提供了驱动对应的设备 ID 信息以及用于初始化和卸载的系统钩子函数;之后系统内核中 PCI 子系统通过调用这些钩子来完成驱动和设备的初始化探测;在 PCI 探测的同时注册了一组 nf2 网络设备,关于 nf2 网络设备的探测和初始化在下一节介绍。

4.1.4　nf2 设备探测和初始化

本小节作者将简单回顾驱动程序 PCI 设备部分的注册和初始化,并详细介绍驱动网络设备部分的注册和初始化,这是由系统内核与驱动程序配合完成的一个比较复杂的过程,如图 4.5 所示。

在驱动程序注册到系统内核之前,内核已经默默地完成了一部分工作。实际上在系统引导的时候,内核中的 PCI 初始化代码已经对探测到的 PCI 设备执行了配置事务,完成了中断号的分配以及 I/O 空间与内存空间向系统空间的映射。

如图 4.5 所示,在装载驱动程序时完成 PCI 的注册,同时调用驱动程序的 nf2_probe 函数完成初始化工作,关键的执行流程为:使能设备;请求板卡的内存空间;创建板卡的私有数据结构;映射内存空间。最后就是调用网络设备初始化函数 nf2c_probe,这里很重要的一个环节就是完成网络接口的注册。

说到网络设备初始化,大家知道每个 NetFPGA 包含 4 个网络接口,所以需要完成 4 个网络接口的注册,它们隶属于同一个板卡。在注册网络接口前首先完成所有接口资源的申请和初始化工作,包括数据包发送缓冲池和数据包接收缓冲池的申请及网络设备结构体的申请。为了在接收数据包后马上将其发送到网络系统,这里的数据包接收缓冲池里只有 1 个 buffer,

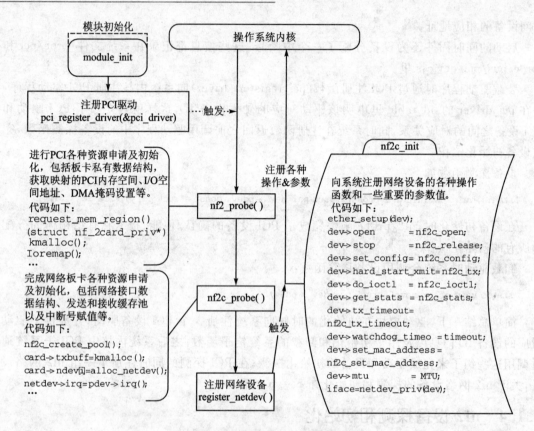

图 4.5 nf2 设备探测和初始化流程图

也就是利用网络子系统来对接收数据包进行缓存并提供给应用层;数据包发送缓冲池则有 16 个 buffer,每个网络接口 4 个。

每个网络接口由一个结构体 net_device 来描述,负责该结构分配任务的内核函数为 alloc_netdev,该函数的第 3 个参数 nf2c_init 协助系统内核进一步完成对 netdev 的初始化。

```
//网络接口分配
netdev = card->ndev[i] = alloc_netdev(
                            sizeof(struct nf2_iface_priv),
                            devname, nf2c_init);
```

接着就是对网络接口所属板卡、中断号、接口号等进行初始化,然后才进行注册操作。注册操作将在网络设备链表里添加我们的设备,同时调用分配接口时提供的初始化函数 nf2_init,将结构体 net_device 与各种操作函数对应起来。

```
//网络接口初始化函数
static void nf2c_init(struct net_device * dev)
```

```
{
    struct nf2_iface_priv * iface;
    ether_setup(dev);
    dev ->open            = nf2c_open;              //接口打开
    dev ->stop            = nf2c_release;           //接口释放
    dev ->set_config      = nf2c_config;            //接口配置,一般用不到
    dev ->hard_start_xmit = nf2c_tx;                //报文发送方法
    dev ->do_ioctl        = nf2c_ioctl;             //处理 I/O 命令
    dev ->get_stats       = nf2c_stats;             //返回统计信息
    dev ->tx_timeout      = nf2c_tx_timeout;        //发送超时处理
    dev ->watchdog_timeo  = timeout;                //发送超时时间阀
    dev ->set_mac_address = nf2c_set_mac_address;   //修改 MAC 地址
    dev ->mtu             = MTU;                    //最大传输单元

    iface = netdev_priv(dev);
    memset(iface, 0, sizeof(struct nf2_iface_priv));
}
```

nf2c_init 函数基本上包括了网络接口的所有操作:打开和释放、接口配置及 I/O 命令;数据包处理的相关操作。

细心的读者会发现其中缺少了中断处理和数据包接收操作,确实是这样的。

数据包的接收是由硬件中断触发的,中断处理函数对其全权负责,中断函数的注册将在 4.2.1 小节接口打开函数 nf2c_open 里介绍。另外 ether_setup(dev)函数也完成了很多以太网卡的初始化工作,简化了初始化过程。网络接口注册成功后板卡的接口才与驱动的函数建立连接,函数中断号直接复制 PCI 的中断号,即启动时系统自动分配给 PCI 设备的中断号。

在使用过程中,NetFPGA 板卡与操作系统进行通信的主要操作是数据包的 DMA 传输和寄存器的读/写,会在 4.2 节进行详细介绍。

4.1.5 nf2 设备卸载

驱动卸载相对简单,读者掌握了驱动的注册和初始化过程,就会发现这里的驱动卸载基本上就是将驱动注册时申请的资源进行释放,比如数据缓冲区释放和从系统中移除注册的网络接口,如图 4.6 所示。

通常会在更新驱动的时候调用驱动卸载函数 nf2_remove,在 Linux 下用命令"rmmod nf2"就能完成。

有兴趣的读者可以深入分析 nf2_probe 和 nf2_remove 的实现代码。

第4章 深入浅出 Router 软件

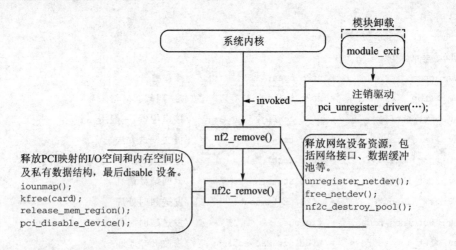

图 4.6 nf2 设备卸载流程图

4.2 设备驱动的操作

读者可以回顾一下 4.1.4 小节的网络接口初始化函数,在系统开发中会多次使用该函数中描述的网络接口操作,作者将会在本节详细阐述这些操作。

4.2.1 打开与关闭

在使用网络设备前必须先进行设备打开操作,nf2c_open 函数完成设备使用的硬件资源的使能、中断的申请及激活传输队列,同时告诉系统网络接口启动了,然后板卡才正式开始工作。

```
//中断申请
    if((err = request_irq(card->pdev->irq, nf2c_intr, SA_SHIRQ,
                card->ndev[0]->name, card->ndev[0])))
```

读者或许会对此不解:不是在系统引导的时候就给设备分配中断号了吗?

是的,上面的操作是对分配到的中断号进行使用申请,因为现在计算机系统的中断线是有限的,很多设备复用同一根中断线,在一个设备分配到中断号以后还必须在设备打开时进行申请才能响应中断操作。

同时中断处理函数也作为回调函数参数(nf2c_intr)进行了申明,当系统检测到硬件设备的中断后会自动调用中断处理函数 nf2c_intr。在驱动程序中,中断处理函数是很重要的一个函数,要处理以下事件:接收数据包到达、接收数据包结束、数据包发送完毕、物理层中断以及传输超时等出错处理。打开设备函数是4个网络接口共用的,启动时会被调用4次,但是只申请 1 次中断,因为它们是共用板卡的中断。

设备关闭调用的是 nf2c_release 函数,完成停止发送队列,同时写硬件寄存器释放硬件接口。如果板卡所有网络接口都已释放则释放掉映射的 DMA 内存区域和中断,并对发送进程和接收进程计数清零。

读者可以分析这两个函数的源代码来了解其实现细节。

4.2.2 数据包是如何接收的

对于 NetFPGA 板卡来说,数据包接收是以什么方式来实现的?PCI & DMA?通过 PCI 总线接口以 DMA 的传输方式接收到内存中,控制流程图如图 4.7 所示。

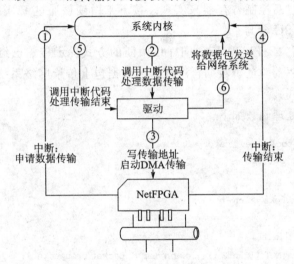

图 4.7 数据包接收控制流程图

从驱动的角度来分析数据包接收过程,简单来说可以概括为两次中断操作:当数据包到达时触发一次中断请求数据传输,数据传输结束后再触发一次中断结束传输。具体步骤如下:当有数据包需要从 NetFPGA 板卡送到 CPU 时,板卡向系统内核发出中断请求;系统内核完成中断识别后,则调用与设备对应的中断处理程序,见图 4.7 中①与②。

中断处理程序首先读取板卡的中断状态寄存器,在一个条件判断 case 语句里面选择不同的操作。如果是 DMA 数据传输中断申请则进行内存映射,将内存中的数据包缓存区内核逻辑地址映射为板卡可以访问的物理地址,然后将该物理首地址写入板卡的相应寄存器,同时启动 DMA 传输,即图 4.7 中的③。

```
//内存映射后,启动传输
card->dma_rx_addr = pci_map_single(card->pdev,
                card->wr_pool->data,
```

```
                    MAX_DMA_LEN,
                    PCI_DMA_FROMDEVICE);
// 开始传输
iowrite32(card->dma_rx_addr,
    card->ioaddr + CPCI_REG_DMA_I_ADDR);
iowrite32(DMA_CTRL_OWNER,
    card->ioaddr + CPCI_REG_DMA_I_CTRL);
```

pci_map_single 进行一次单个内存页面的映射,将其映射到 DMA 能访问的空间,MAX_DMA_LEN 设为 2 048,是这次 DMA 可传输的最大长度,网络数据包的最大尺寸是不会超过它的。传输的启动通过写控制寄存器来实现。接下来由硬件通过 PCI 总线完成向内存写数据,这个过程不需要 CPU 参与。

DMA 传输结束后,NetFPGA 板卡同样以中断的方式提示传输已经结束,内核调用驱动程序进行数据处理。驱动验证了数据合法性后把数据包上传给网络系统,并释放映射的内存等,即图 4.7 中的④⑤⑥。

数据包接收结束处理函数如下:

```
nf2c_rx(card->wr_pool->dev, card->wr_pool);
```

函数代码如下:

```
skb = dev_alloc_skb(pkt->len + 2);
if (!skb) {
    if (printk_ratelimit())
        printk(KERN_NOTICE "nf2 rx: low on mem - packet dropped\n");
    iface->stats.rx_dropped++;
    goto out;
}


skb_reserve(skb, 2); // 以 16 位为边界进行对齐
memcpy(skb_put(skb, pkt->len), pkt->data, pkt->len);

// 写入辅助信息,并发送给上层网络子系统接收方
skb->dev = dev;
skb->protocol = eth_type_trans(skb, dev);
skb->ip_summed = CHECKSUM_NONE; // 无 IP 包检查验证
iface->stats.rx_packets++;
iface->stats.rx_bytes += pkt->len;
netif_rx(skb);
```

首先需要分配一个 skb(socket buffer)，这个缓冲 buffer 的大小比数据包长度大 2 个字节，多余的 2 个字节用于网络数据的字节对齐。分配 skb 后要对 dev_alloc_skb 返回值进行检测，通过 printk 来报错，printk_ratelimit()可以避免大量的报错信息将我们的控制台淹没。

skb_reserve(skb,2)用于对齐网络字节，链路层报头是 14 个字节，后面紧跟的是网络层报文，如果在数据报前面预留 2 个字节，刚好可以使 IP 报文在 16 字节处开始，这是一般以太网接口的普遍做法。

接下来就是把数据内容和长度复制进这个新的 skb，并设置它所属的设备、报文协议类型、校验类型等。这里的校验类型设置为 CHECKSUM_NONE，表明校验和还没被验证，必须由系统上层软件来完成这个任务。

然后就是驱动更新自己的统计信息：接收的数据包数和字节数。

最后通过 netif_rx()将 skb 传递给上层协议栈。

至此，驱动就完成了接收数据的任务。接下来就交给网络协议栈来处理了，上层软件要处理收到的数据包，先要通过协议栈来获取数据包，协议栈中缓存了每个接口尚未处理的数据包，网络协议栈为每个接口提供了大约 300 个数据包的缓存空间。

4.2.3 驱动如何发送数据包

数据包的发送刚好是数据包接收的逆过程。

应用程序→网络协议栈→驱动→板卡，二者的不同之处是：数据包发送只有一次中断操作，因为数据包的发送是由软件触发的。整个流程如图 4.8 所示。

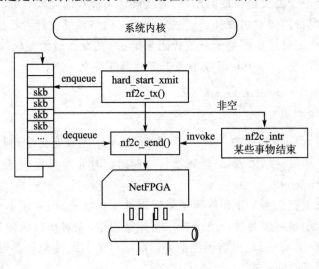

图 4.8 发送数据包流程图

系统内核中的网络子系统针对每种设备有一个发送数据包的钩子，该钩子只是一个接口，

第 4 章 深入浅出 Router 软件

其具体操作由设备各自的设备驱动程序实现。在 netfpga 里钩子和驱动函数间赋值就是前面初始化网络设备中的 dev→hard_start_xmit = nf2c_tx。

当上层软件启动数据包发送时，首先是通过网络子系统调用驱动程序的发送接口，即 nf2c_tx 函数，这时驱动把内核传输过来的 skb 复制到驱动的发送队列里，如果目前板卡空闲则紧接着启动一次硬件传输。在此期间驱动要负责维护设备循环队列的空余空间大小，如果空余空间为零还要暂时停止该接口的发送队列，以防止上层继续启动发送操作。每个接口分配的发送队列为 4 个数据包，当硬件正在进行数据包传输时，新的数据包只是添加到传输队列中并不能立即发送，需要等待前面数据包传输结束后下一次发送。每次硬件发送完一个数据包后都会触发一个中断，如果发送缓冲内还有数据包则启动下一次传输。

在启动一次硬件传输时将要发送的 skb 地址映射成 PCI 总线可访问的物理地址写入 NetFPGA 板卡，再写硬件控制寄存器启动一次 DMA。

```
//发送内存区域映射
card→dma_tx_addr = pci_map_single(card→pdev,
                                  skb→data, skb→len, PCI_DMA_TODEVICE);
```

我们可以看到内存映射函数最后一个参数是 PCI_DMA_TODEVICE，这个参数说明 DMA 操作方向是将数据传输到硬件设备上。

每次硬件发送完成后会触发中断，通知驱动程序的中断处理函数回收发送时用到的缓冲资源，同时释放一些空间。

发送超时通常是一个需要解决的问题，有时候硬件可能长时间没有响应，或者操作系统丢失了中断，这两种情况都需要重启硬件。这些意外情况网络系统设计者都已经考虑到了，用一个定时器来避免，这个定时器由网络子系统代码来维护，在发送时给定时器赋值，同时检查发送超时是否发生。下面是 nf2c_init 函数中关于定时器的定义：

```
dev→tx_timeout      = nf2c_tx_timeout;
dev→watchdog_timeo  = timeout;
```

驱动注册时调用 nf2c_init 函数，dev→watchdog_timeo 来设定这个超时值，一旦定时器超时而我们的发送任务还没有结束，网络代码就自动调用超时处理函数，也就是上面的 dev→tx_timeout = nf2c_tx_timeout。

事实上超时函数主要是为了让硬件能恢复到正常工作状态，同时还不丢失尚未发送的数据、板卡状态及掩码，还要对超时进行统计。在统计过程中，先对接口的发送失败事件进行统计，也就是递增 tx_errors；然后在重启硬件前要读取硬件的当前使能寄存器和中断掩码，以便在硬件重启后恢复到当前的状态。

简单总结一下，用户如果想通过 nf2 板卡发送一个数据包到网络上去，首先是编写一个操作网络接口的用户程序，用户程序通过网络子系统提供的接口将数据包复制到网络协议栈；然后网络子系统调用驱动程序的发送数据包例程控制硬件板卡发送一个数据包到网络上。

4.2.4 这样来配置硬件板卡——ioctl

从前文关于硬件的叙述,我们知道驱动还有一个重要的任务:读/写硬件寄存器来控制和配置板卡的功能,驱动利用 ioctl 来完成这个任务。

ioctl 是一个系统调用,板卡与操作系统进行信息交互除了数据报传输外还有寄存器的读/写,也就是访问 I/O 空间,通过它来对板卡进行配置。在用户程序看来就是控制寄存器的读(readReg)和写(writeReg),其实现过程如图 4.9 所示。

从图 4.9 中可以清楚地看到板卡寄存器读/写的层次结构,再来看看驱动层的实现细节。

网络设备初始化函数 nf2c_init 里的 dev->do_ioctl 是提供给操作系统的 I/O 读/写接口,即 nf2c_ioctl 函数。

```
static int nf2c_ioctl(struct net_device * dev,
struct ifreq * rq, int cmd)
```

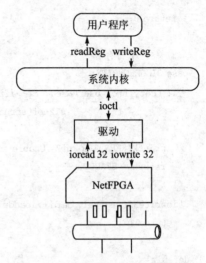

图 4.9 ioctl 系统调用实现过程

该函数有 3 个参数:第 1 个用于识别要进行操作的网络设备;第 2 个用于指向一个内核空间地址,包含了要进行读/写的寄存器地址以及读/写的内容;第 3 个是操作类型标识,也就是操作命令。

由于驱动的 I/O 控制实现了两种功能:I/O 读和写,所以 nf2c_ioctl 函数中的 cmd 有两个可选值:读寄存器的 SIOCREGREAD 和写寄存器的 SIOCREGWRITE。当内核调用 ioctl 函数时,在一个 switch 分支里对不同的 cmd 进行相应的操作,操作成功返回 0;如果是不可识别的 cmd,则返回 EOPNOTSUPP。代码如下:

```
switch(cmd) {
//读寄存器
case SIOCREGREAD:
    if (copy_from_user(&reg, rq->ifr_data,     //从用户空间复制请求的地址
                        sizeof(struct nf2reg)))
    {
        printk(KERN_ERR "nf2: Unable to copy data from user space\n");
        return - EFAULT;
    }
    reg.val = ioread32(card->ioaddr + reg.reg); //读 I/O
```

```
            if (copy_to_user(rq->ifr_data, &reg,        //将寄存器内容返回给用户空间
                            sizeof(struct nf2reg)))
            {
              printk(KERN_ERR "nf2: Unable to copy data to user space\n");
              return - EFAULT;
            }
            return 0;

            // 写一个寄存器
        case SIOCREGWRITE:
            if (copy_from_user(&reg, rq->ifr_data,      //从用户空间复制请求的地址和内容
                            sizeof(struct nf2reg)))
            {
              printk(KERN_ERR "nf2: Unable to copy data from user space\n");
              return - EFAULT;
            }
            iowrite32(reg.val, card->ioaddr + reg.reg);//写 I/O
            return 0;

        default:
            return - EOPNOTSUPP;
    }
```

在定义 ioctl 的命令时需要遵循 Linux 内核约定的规则,这样可使系统兼容性更好,同时还可以避免错误的命令被执行而不报错。系统有专门用于生成 ioctl 命令的函数_IOR、_IOW 和_IOWR,它们之间的差别在于数据传输方向的不同。如果用户按照 0,1,2…随意定义 ioctl 命令号,可能一条修改波特率的命令(编号 n)被用在一个字符驱动上,执行了写操作(也是编号 n)。具体的规范请参考 include/asm/ioctl.h 和 Documentation/ioctl-number.txt。

整个操作流程如下:在读/写之前先将寄存器参数从用户空间复制过来,包括要操作的寄存器地址和数据;然后调用一个 I/O 内存读/写操作 ioread32/iowrite32,如果是读寄存器还需要将读回的值复制到用户空间。I/O 内存读/写函数的参数 card->ioaddr + reg.reg 是板卡 I/O 内存基址加寄存器偏移地址,基址 card->ioaddr 是在 PCI 驱动注册的时候初始化的。

驱动层的介绍基本上差不多了,剩下的还有一些异常处理和缓冲池的管理,有兴趣的读者可以自己分析一下。

4.2.5 换一种方式来实现驱动程序

上文主要讨论的是网络设备驱动的实现,我们知道也可以实现成字符型设备驱动,下面就

简单介绍一下后者的实现细节,源代码在文件 nf2_user.c 中。我们可以理解为用户板卡模型,但这个实现还存在 bug,需要读者来完善。

从功能上来看,用户板卡模型与控制板卡模型没有什么大的不同,都来实现数据传输和寄存器读/写,前者会多一个 MAC 地址设置和传输超时控制功能。从具体实现上来看,两者有很大的不同。将控制板卡实现成网络设备,进行数据传输时采用的是网络套接字,不论数据包发送还是数据包接收都要通过网络协议栈。用户型板卡驱动采用的是字符设备驱动,读/写设备直接以文件的方式读/写,其数据缓冲池有更多的工作要做,首先要维护当前的读/写位置并对读/写进行控制。控制板卡要简单些,驱动上层的网络协议栈相当于数据缓冲池的角色,只要发送缓冲池还有空间,网络系统就可以往里面写,一旦满了就通知网络系统停止对发送队列写数据。接收数据包就更简单,只要把 DMA 传输过来的数据包直接发送到网络子系统就行了。对于用户程序来说这些细节都是不可见的。

为什么要有两种实现呢? 作者以为控制板卡和用户板卡最大的不同是数据传输方式,控制板卡每次读/写一个数据包;而用户板卡可以从缓冲区一次读取若干个字节,也就是说一次 DMA 传输的数据包可以分为多次读取。

① 读设备函数实现。

static ssize_t nf2u_read(struct file * filp, char __user * buf, size_t count,loff_t * f_pos)

这个是读设备函数,前 3 个参数分别是文件描述,说明要传输数据的 buf 和要读取的数据大小。多个读/写操作对同一个设备进行操作是会产生竞争的,因此要进行读/写互斥。我们的设备并不像磁盘文件一样随时都可以读到数据,除非到文件结尾,因此读操作前要判断是否有数据可供读取。

在这里有必要将驱动对 DMA 传输数据的组织方式做一介绍,在接收数据缓冲区有 8 个 buf 组成一个循环队列,每个 buf 为 2 KB。每次 DMA 传输接收的数据包存入下一个空的 buf 中,不管这次传输的数据包大小都占用一个 buf,也只占用一个 buf。每次 DMA 传输的数据大小限制在 2 KB 内。

在读数据的时候没有要求一次一定要读空一个 buf,这样也是不合理的,但能不能跨 2 个 buf 进行读取呢? 答案是目前不行,至少在 nf2_user.c 文件里实现的这个驱动是不行的,它限定了每次读操作只能在一个 buf 里进行不能跨越 2 个 buf,即使数据缓冲区里总共有 3 KB 数据,你只申请读取 1 KB 也是有可能失败的,但这个失败并不代表完全读不到数据。在我们申请读取的数据大于当前 buf 剩余的数据大小时,操作的结果是读空当前 buf 并返回实际的读取数。在读操作进行之前要根据当前读指针和 buf 数据块大小判断申请的数据大小会不会读空当前 buf,如果是则在读操作后当前的读指针要指向下一个 buf 的开头处。其实应该也可以对其实现进行修改,只要下一个 buf 也有可用数据就可以跨越多个 buf 进行读取,这样的话更像一个文件,但也会引起多余的数据复制,先要将不连续的数据复制到一个连续的缓冲区然后再传给用户空间。

② 写设备函数实现。

```
static ssize_t nf2u_write(struct file * filp, const char __user * buf, size_t count,loff_t * f_pos)
```

这个是写设备函数原型，其参数与读函数一样。在写数据缓冲池里也是一个循环队列，总共有 16 个 2 KB 的 buf，每次写操作使用一个也最多一个 buf。但与读操作有一点不同，传递来的参数 buf 的前两个字节是当前数据传输块的实际大小 len，正常情况下这个值应该等于 count－2，因为 count 包括了这两个字节，当 len＋2 不等于 count 时则返回出错码。如果一切都没有问题，则将用户空间 buf 里的数据内容复制到驱动空间的发送缓冲 buf(不包括前两个字节 len)。

剩下还有一个重要操作就是寄存器配置 ioctrl，但这个与控制板卡的实现相同，也是实现了寄存器读和寄存器写。中断操作也没有什么新意，也是有传输来的数据时中断传输结束再中断，与控制板卡相同。

总的来说，kernel/nf2_user.c 文件里的用户板卡驱动完成了一个字符型设备驱动的主要工作，但根据实际的应用还要有少量的修改，比如参数错误，这个应该是还没有经过验证的；还可以通过内存零复制来加快数据的传输速率。

4.3 用户界面分析

4.3.1 为什么要有用户界面

人靠衣装，如果你的劳动成果要展示给别人的话，作者建议你多花点时间来搭建一个比较亮丽的用户界面。本节主要介绍 Reference Router 目前的用户界面。

好的系统必须要有一个好的用户界面。对于用户来说，其所关注的是用户界面提供的各种功能。对于设计者来说，一定要有一个简捷漂亮的用户界面。Reference Router 有一个很有意思的界面，用来显示硬件设计的架构，可以看到所有主要 module 的连接关系，如图 4.10 所示。

NetFPGA 是一个实验平台，用于一些网络新功能的验证和研究，并不能作为市场上的大众产品来出现。不管怎样，作为一种研究结果的展示同样也需要一个友好的用户界面，毕竟大多数情况下都是要演示给别人看的。

一个用户界面最先要考虑的是把需要的信息都合理地显示出来，同时又容易理解和操作。一个良好的用户界面要让从来没用过的人也能很快地摸索出其使用方式来；并且用户界面的编码组织也很重要，代码组织要让后续的开发人员可以很容易理解，并充分考虑可移植性。

第 4 章 深入浅出 Router 软件

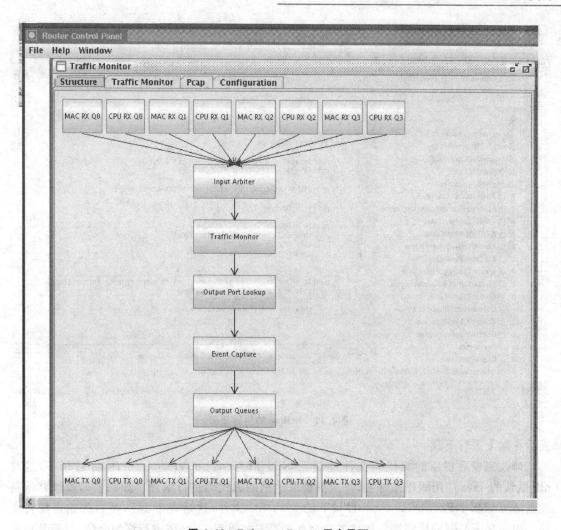

图 4.10 Reference Router 用户界面

Java 作为一种纯面向对象的语言应用已经很广泛并且备受好评,简单可靠并且可移植性好。Reference Router 里的用户界面都是用 Java 来完成的,当然用 C++ 也可以很好的完成,这里重点关注用户界面的设计。

作者将以 Reference Router 中的用户界面为例阐述一下其实现细节。不管是在 Linux 还是 Windows 下,Eclipse 都是一个不错的 IDE,可以方便地进行代码编辑和调试。图 4.11 是 Eclipse 的主界面图。

左边是资源树,右边是编辑框,新建一个项目将 Reference Router 中的代码导进去就可以方便地进行查看和编辑了。如果要编译的话还需要导入一些 Java 的类库,根据编译后的错误

第 4 章 深入浅出 Router 软件

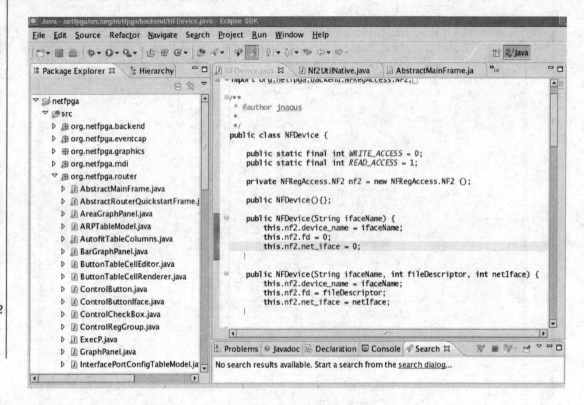

图 4.11 Eclipse 的主界面图

提示在网上进行下载。

修改完成后将新的源代码文件复制到 NF2/lib/java/gui/src/org/netfpga 目录下,这是 nf2 默认的 Java 应用程序文件夹,每次都读取这里的源代码进行编译。如果要修改该默认路径则需要编辑 NF2/lib/java/gui 目录下的 Makefile 文件,这是整个 Java 项目的编译配置文件。用户界面与驱动协同操纵硬件的机制作为开发的重点,下面将进行详细介绍,对于其他的用户功能读者可以阅读相应源码进行了解。

4.3.2 用户界面如何操控硬件

用户界面是与用户交互还是与硬件交互?

你说呢?当然都要。Java 应用程序通过界面与用户交互,通过 nf2util.c 文件生成的共享库 libnf2.so 来与硬件交互。

对于 Java 应用程序作者也是一个外行,在这里只能重点针对 NetFPGA 相关的操作做一些必要的说明,希望对大家应用 NetFPGA 有一定帮助,特别是初次接触 NetFPGA 的用户,希望能够通过阅读下面的章节让你可以快速地进入实践。

可能对于很多初学者来说，编写 Java 应用程序最大的困难是面对已有的这一堆代码文件，不知道如何下手，从哪里看起呢？

如果你对其已有的功能不感兴趣的话，完全没有必要去弄懂已有代码的角角落落；只为了添加自己的界面则只需要看懂很少的东西就行了，也就是与硬件交互的"底层"部分，至于上面是要添加条条还是框框那就随心所欲吧。

在 6.3.3 小节"怎样轻松地使用驱动程序"里面将会详细介绍用 C 语言封装的驱动调用接口。这一节将介绍 Java 应用程序的底层怎么来与驱动进行通信，因为这一部分负责控制硬件，所以称为"底层"以区别与用于显示的"上层"。这部分代码在 NF2/lib/java/gui/src/org/netfpga/backend 目录下面，如图 4.12 所示。

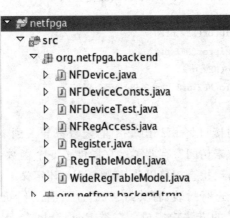

图 4.12 "底层"代码所在文件夹

"上层"负责与用户进行交互，将用户命令对下层硬件进行传达并将处理结果显示给用户。可见用户界面要与硬件进行通信才能完成它的各种功能，但上层软件是无法与硬件直接沟通的，因此这个任务就交给驱动来完成，通过调用驱动提供的各种接口来实现对硬件进行配置和读/写。对于上层应用而言，不管实现的是什么功能、界面是什么样子，它与驱动的接口始终都是一样的，无外乎设备管理读/写和配置，这是上层软件不变的"基石"，这也符合层次化设计原则。下面先对这个不变的"基石"进行介绍，让读者能够根据自己的要求在上面搭建新的建筑。

由于与驱动通信涉及的一些系统调用是无法用 Java 实现的，所以只能通过调用 C 语言代码实现的外部库函数来完成。NFRegAccess.java 就是用于导入 NF2/lib/java/gui/lib 目录下的 C 语言函数库 libnf2.so，该函数库由 nf2util.c 文件编译生成，因此当更新了驱动或者 nf2util.c 中的内容，下次重新运行项目的时候，脚本语言会自动进行编译生成新的库函数文件，应该手动将 NF2/lib/C/common/下新生成的 libnf2.so 文件复制到 NF2/lib/java/gui/lib 目录下，Java 应用程序才能正常调用。本小节只讨论调用库函数的 Java 接口，至于被调用的库函数接口将在第 6 章介绍。下面就是导入外部库函数的方法和访问外部库函数的接口。

第4章 深入浅出 Router 软件

```
//NFRegAccess 接口
public interface NFRegAccess extends Library {
    NFRegAccess INSTANCE = (NFRegAccess) Native.loadLibrary("nf2", NFRegAccess.class);
    public static class NF2 extends Structure {
        public String device_name;
        public int fd;
        public int net_iface;
    }

    public int readReg(NF2 nf2, int reg, IntByReference val);
    public int writeReg(NF2 nf2, int reg, int val);
    public int check_iface(NF2 nf2);
    public int openDescriptor(NF2 nf2);
    public int closeDescriptor(NF2 nf2);
    public void read_info(NF2 nf2);
    public void printHello(NF2 nf2, IntByReference val);
}
```

上面定义的寄存器访问接口将 nf2util.c 中的函数都导入到 NFRegAccess 接口里，下面的寄存器设备类就要通过它来访问寄存器了。它提供了 5 个函数：读寄存器、写寄存器、打开设备描述符、释放设备描述符、检查接口以及 printHello，还定义了一个标识设备的 nf2 结构。

在这 5 个函数的基础上进行封装，将其封装成一个设备类 NFDevice，以后凡是要对底层进行的操作全部在这个类上的方法中完成。在类 RegTableModel 中提供了基于类 Register 的寄存器组访问方法，每个表就代表了一个设备的寄存器组，它里面封装了 NFDevice 对设备的访问。

NFDevice.java 定义了一个 NFDevice 设备类，里面封装了对寄存器的读/写操作和接口的检查操作，也就是把上面库文件里导出的接口进行一次封装。新添加了一个访问寄存器数组的操作。

NFDeviceConsts.java 里将从 Verilog 语言里面导出的寄存器地址定义相当于每个寄存器的访问地址。如果访问不了新添加的寄存器，有必要查看这里是否有新寄存器的定义，没有就需要手动添加。

Register.java 定义了一个包括地址、内容、寄存器表中的索引以及可编辑标识的寄存器类，但它并不提供访问机制，只相当于硬件寄存器在软件上的一个副本。

RegTableModel.java 定义了一个按照哈希表存储的 Register 表类，这个表为两列多行，按照寄存器地址进行哈希运算。它里面实现了软件寄存器和硬件寄存器之间的数据交换操作。

总结一下就是 Java 通过调用 C 语言生成的 libnf2.so 库文件实现了对硬件的控制，并在这个本地库文件基础上进行封装实现了寄存器访问接口和寄存器类。

第3篇

再会 NetFPGA

- ➢ 经典应用剖析
- ➢ 开发实践
- ➢ 皆可 NetFPGA

第 5 章

经典应用剖析

经过前面章节的讨论,我们已经熟悉了在 NetFPGA 上实现 Router 的思路和方法,但是还有一个未解答的疑问:到底如何使用基于 NetFPGA 的系统来搭建真实的网络呢?能否圆满完成这个任务是验证新的网络协议和做网络研究的前提。

5.1 视频流 demo

我们都有过在线观看电影的经历,本节作者将介绍一个视频流 demo,这个 demo 展示了 Reference Router 的功能:在一个 NetFPGA 网络中,Client 通过这些 Router 可以流畅地播放 Server 上的视频。

① 第 1 步是 Router 和 Client/Server 的安装。需要注意的是:视频流 demo 中使用了两种设备,前者仅安装 NetFPGA 就够了,包括 NetFPGA 板卡的安装和 Reference Router 配置文件的下载两部分;后者不仅要安装 NetFPGA 板卡,还需要另外安装一块多端口的网卡(选择 Intel 的千兆网卡),如图 5.1 所示。

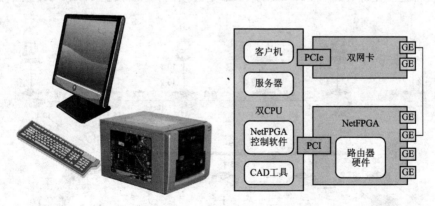

图 5.1

接着完成 Router 和 Client/Server 设备的测试,确保设备的功能正确无误。

② 第 2 步是使用 Router 和 Client/Server 搭建一个 NetFPGA 网络,其中 Router 和

第 5 章 经典应用剖析

Client/Server 的端口链接如图 5.2 所示。

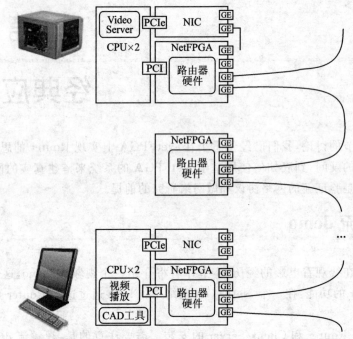

图 5.2　Router 和 Client/Server 的端口链接图

图 5.2 中上半部分是 Server，下半部分是 Client。最终的网络拓扑图如图 5.3 所示，确认网络中的设备链接完好，图中的 Router 并不都是必须的，可以根据 NetFPGA 板卡的数量自己选择。

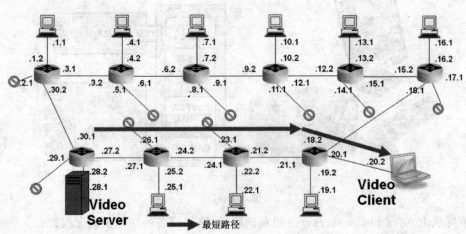

图 5.3　最终的网络拓扑图

③ 第 3 步是配置 Router 的路由表，这里需要按照上面的网络拓扑图设置相应的 IP 地址和子网 IP，这个配置界面如图 5.4 所示。

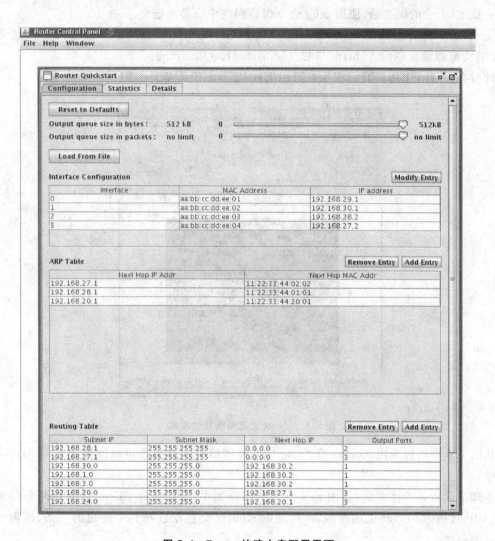

图 5.4　Router 的路由表配置界面

从图 5.4 中可以看到，主要包含了 3 个配置表：
- Interface Configurafion 是 4 个千兆端口的 MAC 地址和 IP 地址，单击 Modify Entry 按钮完成这两个地址的配置；
- ARP Table 包括了下一跳 IP 地址对应设备的 MAC 地址，单击 Remove Enry 按钮删除选项，单击 Add Entry 按钮添加新的选项；

第 5 章 经典应用剖析

- Routing Table 包括了下一跳设备的子网 IP、子网掩码、下一跳 IP 地址和输出端口号，单击 Remove Enry 按钮删除选项，单击 Add Entry 按钮添加新的选项。

完成 Router 的配置后，使用 ping 命令确认网络中设备的链接。

④ 第 4 步将要播放的视频（xx. mpg）放到 Server 的 /var/www/html/ 目录下，然后在 Client 的浏览器地址栏输入：http//192.168.Net.Host/xx.mpg。

此时在 Client 上可以看到视频的流畅播放，如图 5.5 所示。

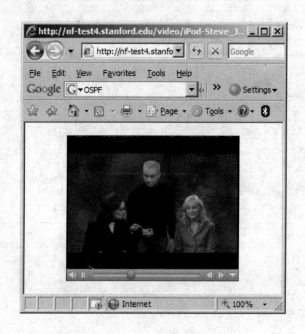

图 5.5　Client 上流畅播放的视频

从图 5.5 中可以看出，Client 通过 NetFPGA 网络中的路由器可以流畅地访问 Server 上的视频。

不知道读者是否注意到：在图 5.3 的网络拓扑图中，Server 和 Client 之间有两条传输路径，当 Client 访问 Server 上的视频时，沿途的 Router 会自动选择其中较短的一条，即图中粗线所示的路径。

如果断开这条短路径中的某一处，Client 依然可以成功访问 Server 上的视频，但是传输路径发生了变化，沿途 Router 会选择另外一条路径，如图 5.6 所示。

更新后的路由表如图 5.7 所示。

问题： 在视频流 Demo 中设置网络故障是为了验证什么？

作者希望读者能够亲自实践这个演示流程，从中可以获得一些网络和路由器的相关经验，另外后面的相关项目也可以在这个 NetFPGA 网络中进行验证。

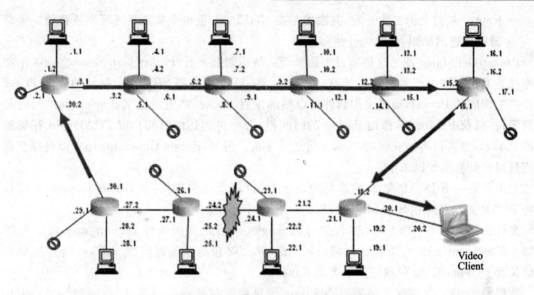

图 5.6 断开最短路径后的网络拓扑图

Routing Table			
Subnet IP	Subnet Mask	Next Hop IP	Output Ports
192.168.28.1	255.255.255.255	0.0.0.0	2
192.168.27.1	255.255.255.255	0.0.0.0	3
192.168.24.2	255.255.255.255	192.168.20.1	3
192.168.24.1	255.255.255.255	192.168.30.2	1
192.168.30.0	255.255.255.0	192.168.30.2	1
192.168.1.0	255.255.255.0	192.168.30.2	1
192.168.3.0	255.255.255.0	192.168.30.2	1
192.168.20.0	255.255.255.0	192.168.30.2	1
192.168.25.0	255.255.255.0	192.168.20.1	3

图 5.7 更新后的路由表

5.2 通用的 Packet Generator

NetFPGA 平台已经拥有众多的开源项目，为什么要选择 Packet Generator 来详细讨论呢？

作者选择 Packet Generator 来和读者一起分析讨论的原因有两点：

- 熟悉网络技术的读者一定知道数据包捕获/发生系统，它在防火墙系统、入侵检测系统以及网络测试分析系统中的地位是不可或缺的，是研究人员分析网络数据流的必备工具。
- 对 NetFPGA 的使用者来说，未来的设计开发需要关注两个方面：首先是在 Reference

Router 基础上的二次开发,其次才是在 NetFPGA 上做全新的系统开发或移植。本着循序渐进的原则,作者先介绍前一种。

Packet Generator 就是这种项目中的典型。从功能上来看,Packet Generator 实现了千兆速率线速发包和网络流量的实时捕获。在产生 Packet 时,按照 SRAM 中存储的标准 PCAP 文件产生相应的 Packet,通过应用软件可以精确配置 Packet 的发送速率、Packet 间的延时及数目等;在捕获 Packet 时,添加 Packet 的时间戳(数据包到达的时间),以 PCAP 格式存储捕获的 Packet,也可以将捕获到的 Packet 传送给主机。另外,Packet Generator 还可以将捕获到的流量回放到真实的网络中。

先来介绍一下 PCAP 文件,它广泛地用于 Libpcap 等抓包软件,在 Packet Generator 项目中将 PCAP 文件存储在 SRAM 里面,其文件格式如下所述。

文件头包含了 7 个标志域:32 位的标识 magic、16 位的主版本号 version_major、16 位的副版本号 version_minor、32 位的区域时间 thiszone、32 位的精确时间戳 sigfigs、32 位的最大存储长度 snaplen 及 32 位的链路层类型 linktype。

数据包头中包含的标志域有:GMTtime 记录数据包抓获的时间高位,精确到秒;microTime 记录数据包抓获的时间低位,精确到微秒;caplen 标识当前数据区的长度,即抓取到的数据帧长度,由此可以得到下一个数据帧的位置;len 标识网络中实际数据帧的长度,一般不大于 caplen,多数情况下和 caplen 数值相等。

接着就是 Packet 数据,通常就是链路层数据帧的具体内容,长度就是 caplen,这个长度的后面就是当前 PCAP 文件中存放下一个 Packet 的位置,也就是说:PCAP 文件里面并没有规定捕获的 Packet 之间有什么间隔字符串,我们需要靠第 1 个 Packet 来确定下一个数据包在文件中的起始位置。

5.2.1 硬 件

下面我们来讨论 Packet Generator 的设计细节。

还是与前文一样,作者始终以为:要想真正领略设计的真谛,或者从设计中有所悟,在接触 Packet Generator 之前,读者一定要自己想一想,如何在 FPGA 平台上实现包捕获/发生系统?采用何种设计架构?在 Reference Router 架构基础上实现这两个功能需要修改哪些 module、添加哪些 module?设计中预期的难点和重点在哪里?

不知道读者是否与 Packet Generator 设计人员不谋而合,Packet Generator 硬件设计结构如图 5.8 所示。

很显然,Packet Generator 采用的是 Reference Router 的架构,只是添加了一些 module(图 5.8 中浅灰底纹所示的 packet_capture、pkt_gen_output_sel、rate_limiter 及 delay)。另外,新的 module 几乎全部在 user_data_path 内,只有 timestamp 添加在 nf2_mac_grp 里面。

user_data_path 中的 input_arbiter 依然采用 Router 中的电路。output_port_lookup 没有

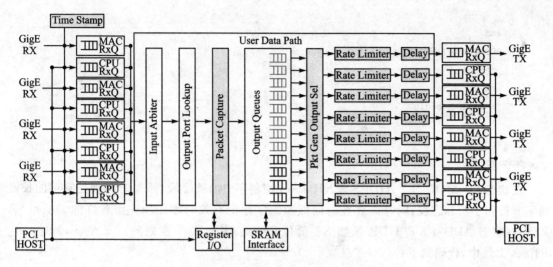

图 5.8 Packet Generator 硬件设计结构

采用 Reference Router 中的复杂电路,而是采用了 Reference NIC 中的简单实现,其功能包含两层意思:将来自 CPU 队列的 Packet 转发到对应的 MAC 端口;将来自 MAC 端口的 Packet 转发到相应的 CPU 队列,电路的描述是一个 FSM,核心代码如下:

```
if(pkt_is_from_cpu) begin
    in_data_modded['IOQ_DST_PORT_POS + 15:'IOQ_DST_PORT_POS] = {1'b0, decoded_src[15:1]};
end
else begin
    in_data_modded['IOQ_DST_PORT_POS + 15:'IOQ_DST_PORT_POS] = {decoded_src[14:0], 1'b0};
end
```

上面这段代码实际上是通过将 8 位 one-hot 编码中的"1"移动实现端口转换。

pkt_capture 和 user_data_path 中的其他 module 的接口信号完全一样,包含寄存器总线和 Packet 数据通路总线两部分。它有选择地捕获来自 4 个 MAC 端口的 Packet,统计相关参数,同时实现这些参数寄存器的读/写电路,一个单独的使能信号可以启动/关闭该 module。pkt_capture 包含了两个子 module。

① pkt_capture_main 电路统计捕获数据包的参数,电路的实现包含了两部分。首先是一个 FSM,代码如下:

```
case (state)
    IN_MODULE_HDRS: begin
        ...
    end
    ADD_PKT_HDR: begin
```

```
    ...
   end
ADD_TIMESTAMP: begin
    ...
   end
IN_PACKET: begin
    ...
   end
endcase
```

在状态 IN_MODULE_HDRS 修改 Packet 控制字中的长度域,添加时间戳控制字的长度到字节长和字长标志位,同时需要在时间戳控制字标记有效时添加预先设置好的 DA 和 SA 高位;在状态 ADD_PKT_HDR 添加 SA 低位和帧类型,这 3 个参数的定义在 packet_gen_defines 文件中,代码如下:

```
'define PKT_CAP_DA_HI        16'h 00_00
'define PKT_CAP_DA_LO        32'h 00_00_00_01

'define PKT_CAP_SA_HI        16'h 00_00
'define PKT_CAP_SA_LO        32'h 00_00_00_02

'define PKT_CAP_ETHERTYPE    16'h 90_01
```

在状态 ADD_TIMESTAMP 保持 Time_Stamp 添加的时间戳;在状态 IN_PACKET 完成 Packet 的正常传输。然后是一个管理参数计数器的时序电路,4 组计数器分别记录来自每个端口的 Packet 数目、字节数及 Packet 到达的时间,代码如下:

```
reg [31:0]      pkt_cnt[NUM_MACS-1:0];
reg [39:0]      byte_cnt[NUM_MACS-1:0];
reg [63:0]      time_first[NUM_MACS-1:0];
reg [63:0]      time_last[NUM_MACS-1:0];
```

另外,enable 信号用来启动 Packet 捕获模块,选择要捕获的 MAC 端口,代码如下:

```
assign enable_mapped = {
  8'b0,
  1'b0, enable[3],
  1'b0, enable[2],
  1'b0, enable[1],
  1'b0, enable[0]
};
```

② pkt_gen_ctrl_reg_full 实现对 pkt_capture_main 中统计参数寄存器的读操作以及捕获 Packet 使能信号的读/写操作,将 4 组寄存器链接到系统的寄存器通路中,电路的描述方式与 Reference Router 中的寄存器模块类似。

问题:pkt_capture 是否只能捕获来自 MAC 端口的 Packet? 还是可以有选择地捕获来自 CPU 和 MAC 端口的 Packet?

output_queue 在原有基础上做了些修改,回顾一下 Reference Router 中 output_queue 的几个子模块,单纯从接口信号来看,oq_header_parser 和 store_pkt 保持不变,remove_pkt 在原来 8 个队列的基础上再添加 4 个队列,额外的队列用于从 SRAM 中读取 PCAP 格式数据,即要发送的数据包。12 个队列的大小由软件配置的寄存器来决定,这样一来队列的大小就可以与 PCAP 文件的数据多少相匹配,可以最大化利用接收队列的资源。

问题:如何将捕获的数据包存储到 SRAM 中? 如何从 SRAM 中读取 PCAP 格式数据到 4 个额外队列呢?

pkt_gen_output_sel 决定 4 个 MAC 输出端口从 output_queue 的 MAC 队列还是 PCAP 数据队列读取 Packet,前者用于正常的网络数据传输,后者用于从 SRAM 中读取 PCAP 数据,即产生 Packet 的过程。电路的关键是一个实现端口选择的 port_mux 子模块,使用一个使能信号 select 选择输出端口链接两个输入端口中的一个。主 FSM 的代码如下:

```
case(state)
    IDLE: begin
        …
    end
    IN_MODULE_HDS: begin
        …
    end
    IN_PACKET: begin
        …
    end
endcase
```

读者可以再来看看这个状态机,在 IDLE 状态等待有效的 Packet 数据;在 IN_MODULE_HDS 状态判断 Packet 头控制字;在 IN_PACKET 状态完成 Packet 的正常转发。在 Reference Router 设计中的很多电路表述都使用了上面这种简单的状态机,读者在自己的设计中也可以参考。

另一个电路是实现启动发包使能寄存器写操作的 pkt_gen_ctrl_reg_min 子模块。

pkt_gen_output_sel 的每个输出队列上都链接一个 Rate_Limiter 和 Delay。Rate_Limiter 控制 Packet 在各个通道的传输速率,提供了一种良好的流控制方法。

为什么需要在网络中控制数据流速呢?

一般来讲，如果发送方发送帧的速度超过了接收方能够接收这些帧的速度，发送方持续地以很高的速度往外发送帧，直到接收方完全被淹没。即使传输过程中不会出错，但到了某一个点上的时候，接收方也将无法再处理持续到来的帧，从这时开始就要丢弃一些帧了。很显然，必须要采取某种措施来阻止这种情况的发生。常用的方法有两种：第 1 种是基于反馈的流控制，接收方发送方送回信息，允许它发送更多的数据，或者至少也要告诉发送方它的情况怎么样；第 2 种方法是基于速率的流控制，使用这种方法的协议有一种内置机制，它限制了发送方传输数据的速率，而无需利用接收方的反馈信息。在这里采用了后一种方法，代码如下：

```
case (state)
    WAIT_FOR_PKT: begin
        ...
    end
    READ_HDR: begin
        ...
    end
    IN_PACKET: begin
        ...
    end
endcase
```

在 READ_HDR 状态先确认 Packet 的长度，然后添加延时标记或者直接转发。

Delay 在对应的时间戳下给 Packet 添加延时。主状态机检查时间戳，在 Packet 间加一个由软件配置的延时，主 FSM 的代码为：

```
case (state)
    OUT_WAIT_FOR_PKT: begin
        ...
    end
    OUT_CHECK_TIMESTAMP: begin
        ...
    end
    OUT_WAIT_EOP: begin
        ...
    end
endcase
```

在第 2 个状态检查时间戳控制字，首先确定延时值，如果不需要添加延时，就直接将 Packet 发送出去；如果需要，则在延时计数器的控制下传输 Packet。

Time_Stamp 电路包含了两部分：在 nf2_mac_grp 外的一个时间计数器 stamp_counter，当 Packet 被接收到 MAC 队列时，记录此时的时间值并将该值提供给 rx_queue，这个计数器

的初始值和启动过程由软件来配置,电路核心代码如下:

```
//计数过程
always @(posedge clk) begin
    if(reset)
        temp <= 0;
    else if (enable_inc_int)
        temp <= temp + {inc_value_int , {FRACTION_NUM_BITS{1'b0}}};
    else
        temp <= temp + {{FRACTION_NUM_BITS{1'b0}}},
    inc_value_frac} + 36'h800000000;
end
    //输出此时的计数值
    assign counter_val = temp[COUNTER_WIDTH - 1:COUNTER_FRACTION];
```

在 nf2_mac_grp 内有一个确认 Packet 到达的 mac_grp_time_stamp,当 Packet 到达时,确认帧头,给 stamp_counter 送出 Packet 有效信号,同时将计数器值写入对应的寄存器,部分代码如下:

```
//将计数器值写入寄存器
if (valid_ptp) begin
    Time_HI <= counter_val[63:32];
    Time_LO <= counter_val[31:0];
    valid <= 1;
end
```

为了后续控制方便,在 rx_queue 中将时间戳添加到 Packet 的头部,使用 TIMESTAMP_CTRL 来标记数据总线上的数据为时间戳,即 counter_val 信号的输入值,代码如下:

```
casex ({output_len, output_timestamp})
            2'b1x : begin
                out_data_local =
                    {pkt_word_len,
                    port_number,
                    {('IOQ_SRC_PORT_POS - PKT_BYTE_CNT_WIDTH){1'b0}},
                    pkt_byte_len};
                out_ctrl_local = STAGE_NUMBER;
            end

            2'b01 : begin
```

```
            out_data_local = timestamp;
            out_ctrl_local = TIMESTAMP_CTRL;
        end

        default : begin
            out_data_local = out_data_tmp;
            out_ctrl_local = out_ctrl_tmp;
        end
    endcase
```

另外,在 MAC 边时钟控制的 FSM 中添加一个新的状态 OUT_TIMESTAMP,用于时间戳的添加,代码如下:

```
OUT_LENGTH: begin
    output_len     = 1;
    out_wr_local   = pkt_chk_fifo_dout & out_rdy;
    if (!pkt_chk_fifo_dout) begin
        out_state_nxt = OUT_WAIT_PKT_DONE;
    end
    else if (out_rdy) begin
        out_state_nxt = OUT_TIMESTAMP;
    end
end
```

上面介绍的这些电路在 NF2/projects/packet_generator/src 目录下都可以看到相应的 Verilog 源码,读者需要注意的是 Time_Stamp 的设计分别在 nf2_core、nf2_mac_grp 和 rx_queue 文件中,寄存器定义 packet_gen_defines 文件在 NF2/projects/packet_generator/include 目录下。

5.2.2 软 件

Packet Generator 的软件实现了一些操作,-q 指明了发包的队列,可以配置每个端口的传输速率、Packet 延时及流量的回放次数,当然也可以统计每个端口接收的 Packet 数目、字节数目、运行时间和传输速率。

软件代码在 NF2/projects/packet_generator/sw 目录下,整个工程的目录结构与 Reference Router 类似。

不知道读者是否记得作者在介绍 Reference Router 时曾经提过:要想很好地使用硬件系统必须熟悉模块内部的寄存器。Packet Generator 的主要寄存器如表 5.1 所列。

问题:读者可以尝试画一下数据包发生/捕获的数据流向图。

至此,我们已经讨论完 Packet Generator 的所有设计细节,回顾这些电路设计,比如时间戳、Packet 捕获等,当它们发生在自己的设计中时都可以重新利用。

表 5.1 Packet Generator 寄存器表

寄存器	功能描述
PKT_GEN_CTRL_ENABLE	该信号有效,启动 pkt_capture 和发包操作,4 位
PKT_GEN_CTRL_PKT_CNT_x	记录捕获的 Packet 数目,32 位
PKT_GEN_CTRL_BYTE_CNT_HI_x	记录捕获的字节数高位,8 位
PKT_GEN_CTRL_BYTE_CNT_LO_x	记录捕获的字节数低位,32 位
PKT_GEN_CTRL_TIME_FIRST_HI_x	记录第一个捕获的 Packet 到达的时间高位,32 位
PKT_GEN_CTRL_TIME_FIRST_LO_x	记录第一个捕获的 Packet 到达的时间低位,32 位
PKT_GEN_CTRL_TIME_LAST_HI_x	记录下一个捕获的 Packet 到达的时间高位,32 位
PKT_GEN_CTRL_TIME_LAST_LO_x	记录下一个捕获的 Packet 到达的时间低位,32 位
RATE_LIMIT_ENABLE_BIT_NUM	使能 rate_limiter 模块信号,1 位
RATE_LIMIT_INCLUDE_OVERHEAD_BIT_NUM	使能过载控制
DELAY_RESET	复位 Delay 模块信号

5.3 新颖的 OpenFlow

今天的网络技术研究者面临一个新的问题:新的网络协议和网络设计思想无法得到真实网络环境的验证。于是很多研究人员致力于可编程网络的开发,比如 GENI,一个由国家基金支持的寻找新的网络架构和分布式系统的项目,这些可编程网络的硬件基础是可编程的 Switch 和 Router。

归根究底,我们需要解决这个问题:如何在实际的网络环境中运行研究人员的实验网络流,同时又不影响正常的工作流?一种方法就是说服设备供应商在他们的 Switch 和 Router 上提供一个开发的、可编程的虚拟化平台,研究人员可以在这个平台完成自己的实验,这种方法会面对很大的阻力,供应商不可能完全开放自己的设备,不同供应商的设备的预留接口都有所不同。需要探寻一种方案来兼顾一般性和灵活性,它需要满足以下要求:
- 满足高性能和低功耗;
- 能够支持广阔的研究范围;
- 确定实验流量和正常流量的独立性;
- 适应供应商封闭平台的需求。

OpenFlow Switch 就是对这种开发平台的一种尝试。

5.3.1 了解 OpenFlow Switch

最初的想法很简单:我们都知道绝大多数 Switch 和 Router 上都有一个 flow table(典型的就是 TCAM),用来实现防火墙、NAT、QoS 及网络数据统计。而不同供应商设备上的 flow table 总是不同,我们需要定义一个适用于大多数 Switch 和 Router 的通用功能集,OpenFlow 对该功能集进行了扩展,同时提供了一个开放的协议用来配置不同 Switch 和 Router 上的 flow table。利用 OpenFlow 网络管理者可以很好地区分实验流和工作流,研究人员通过选择 Packet 路由线路和处理接收的 Packet 来控制自己的实验流,因此,可以尝试新的路由协议、安全模型、地址调度和选择 IP。当然,工作流量也可以独立而正常的工作。

OpenFlow Switch 的数据路径包含一个 flow table 和每个 flow entry 对应的操作。这些操作是可扩展的,至少是所有 Switch 的最小功能子集,选择有限的、够用的操作集是很重要的。

OpenFlow Switch 至少应该包含以下 3 部分:
- flow table,表中的每个 flow entry 都有相应的操作——如何处理该 flow;
- Secure Channel,链接 Switch 和 controller(远程控制处理器),使用 OpenFlow 协议来传输控制命令和 Packet;
- OpenFlow Protocol,定义了一种开放的、标准的 C/S 通信协议,controller 通过这个接口配置 flow table 中的 flow entry;

我们这里将 OpenFlow Switch 分为两种。

(1) Dedicated OFS

这种专用 OFS 不支持标准的网络 2/3 层处理,依据 controller 的描述在端口间转发 Packet,如图 5.9 所示。

这种设备允许很宽泛的 flow 定义,几乎没有限制,比如一个 TCP 链接、特定 MAC/IP 的所有 Packet、相同 VLAN 标记的所有 Packet 或者来自相同端口的 Packet 等。当然 flow 定义不能超出 flow table 处理特殊 flow 的能力。即使实验用的 non-IPv4 Packet,也可这样来定义:匹配非标准包头的所有 Packet。正如前文所说,每个 flow entry 都会包含一些简单的操作,专用 OFS 至少应该支持以下 3 种操作:

- 能够转发某个 flow 的 Packet 到指定的端口,这种操作完成基本的路由功能,通常要求较高的流量处理能力。

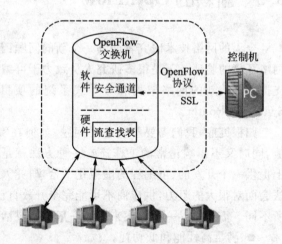

图 5.9 Oper Flow 交换机示意图

- 能够封装并转发特定 flow 的 Packet 给 controller，通常 Packet 先在 Secure Channel 中完成封装，然后才传输给 controller。比如说一个 flow 中的第一个 Packet，先要送到 controller，由它决定是否将该 flow 的特征及操作添加到 flow table 中；在有些实验中，需要将所有的 Packet 提交给 controller 来处理。
- 能够丢弃 flow 中的 Packet，比如 DoS 攻击、虚假广播流等。

这里的 flow entry 包含 3 部分，如图 5.10 所示。

① Rule 定义待匹配 Packet 的特征，这里是 10 个包头标志域，这 10 个标志域可以确定一个唯一的 TCP flow，去掉 TCP 这两个标志域就可以确定一个 IP flow。只使用一个标志域可以确定一组 flow，比如只保留 VLAN ID 则可以确定拥有指定 VLAN ID 的所有流量。

② Action 定义处理 Packet 的操作，通常的操作如图 5.10 所示。

③ Stats 定义了一些计数器，用来统计表、flow 及端口的参数，这些计数器如表 5.2 所列。

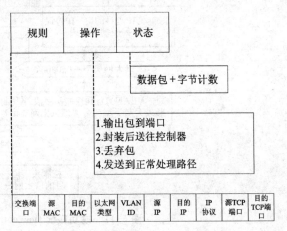

图 5.10 flow entry 结构图

表 5.2 计数器描述

计数器	位 宽	计数器	位 宽
每个 Table		每个 Port	
激活选项	32	接收的字节数	64
包查找	64	传输的字节数	64
包匹配	64	接收的丢弃数	64
每个 Flow		传输的丢弃数	64
接收的包数目	64	接收的错误数	64
接收的字节数	64	传输的错误数	64
延时	32	接收的 Frame Alignment 错误	64
每个 Port		接收的过载错误数	64
接收的包数目	64	接收的 CRC 错误数	64
传输的包数目	64	Collision 数	64

第 5 章　经典应用剖析

另外，在 OpenFlow 内部对于成功匹配 flow entry 的 Packet 操作如图 5.11 所示。

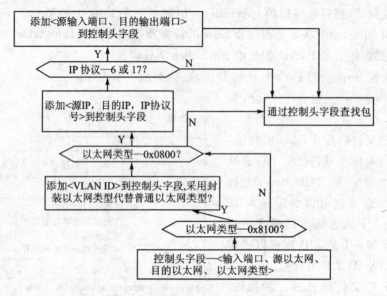

图 5.11　成功匹配 flow entry 的 Packet 操作图

如果接收的 Packet 与 flow entry 匹配，系统会更新与 entry 相关的计数器，没有匹配的会通过 Secure Channel 提交给 controller。

(2) OpenFlow – enabled Switch

我们同样可以在商用 Switch 和 Router 上部署 OpenFlow，即添加 flow table、Secure Channel 和 OpenFlow Protocol。事实上，flow table 还是使用当前设备的查找表，比如 TCAM；Secure Channel 和 Protocol 被安装在 Switch 的操作系统上。混合 OFS 的结构如图 5.12 所示。

使用这种 OFS 组建的网络如图 5.13 所示。所有的 flow table 由同一个 controller 来管理，OpenFlow Protocol 使得多个 controller 可以遥控同一个 Switch，以此来提高性能。在这里一个很重要的目的是：实验流量可以在真实的网络系

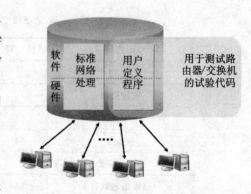

图 5.12　混合 OFS 的结构图

统架构上运行。OFES 必须区分两种流量：通过 flow table 来处理的实验流量；满足正常2/3层处理的工作流量。完成这种区分的方法有：一种是给每个 flow entry 添加第 4 种操作，即转发 flow 的 Packets 到 Switch 的正常处理通路；另一种是给实验流和工作流定义不同的 VLAN。所有的 OFS 都需要支持至少一种方法来保证其工作。

我们将包含 10 个标志域及支持上面这 4 种操作的 OFS 统称为:"Type 0"OpenFlow Switch。如果 Switch 还能支持更多的操作,比如重写数据包头中的某些部分(NAT 应用等),将 Packets 映射到对应的优先级,还有某些 flow table 能够匹配标志域的任意域,这样能够实验一些非 IP 协议,也就是说我们把包含新的特征集的 OFS 可以称为"Type 1" OpenFlow Switch。

这里将对 controller 做进一步阐述,我们知道 controller 通过添加/删除 flow table 中的 flow entry 来完成新的实验。比如一个运行在普通 PC 上的静态 controller,仅在一些计算机之间静态地建立 flow,就可以完成很多实验。事实上,OpenFlow 的这种应用与 VLAN 类似,采用 VLAN 标记方法简单地区分实验流量和工作流量。

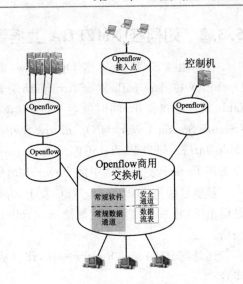

图 5.13 基于 Openflow 商用路由器和交换机的网络示例图

复杂的 controller 就是动态添加/建立 flow,比如研究人员可以在一个完全由 OFS 组成的网络中自由地处理网络中的 flow。更进一步,controller 支持多个研究人员通过不同的 flow 来完成各自的实验,研究人员甚至可以利用 controller 上的用户软件来修改 flow entry。

再来介绍一下 Open Flow Protocol 通信协议,该协议支持 3 类消息:

① Controller-to-Switch 用于 controller 初始化 Switch,根据需要来决定是否响应。其中有 Features、Configuration、Modify-State、Read-State、Send-Packet 及 Barrier 共 6 种消息。

② Asynchronous 用于 Switch 提交自己或网络的状态信息给 controller,其中有 Packets-in、Flow-Removed、Port-status 及 Error 共 4 种消息;

③ Symmetric 用于两个方向上的信息互换,其中有 Hello、Echo 及 Vendor 共 3 种消息。

关于这些消息的详细描述读者可参考 OpenFlow Switch Specification 文档。

我们通过一个例子来讨论如何使用 OpenFlow:研究人员发明了一种新的 OSPF 路由协议,将这种新的 OSPF 协议运行在 controller 上,每当一个新的 flow 启动这个 OSPF 来选择一条路由线路(一些 OFS)时,就会在这条线路上 OFS 的 flow table 中添加 flow entry。另外研究人员如果想使用这个新的 OSPF 来路由自己 PC 上的 flow,可以先定义一个 flow(通过与自己 PC 链接的交换机端口进入网络的 flow),添加 flow entry 的操作为"封装并转发所有的 Packet 到 controller",当研究人员的 Packet 到达 controller,新的 OSPF 协议会选择一条路由线路,同时在沿路的 OFS 上添加新的 flow entry,这样当 Packet 顺序到达一个 OFS 时,通过 flow table 可以线速处理。

5.3.2　如何在 NetFPGA 上搭建 OpenFlow

在这里实现 Type 0 型 OpenFlow，即 flow entry 中包含了 10 个标志域。简单来讲，OpenFlow 将 data path 和 control path 分离开来，前者完成 flow Packet 交换，包含一个 flow table 及其查找操作，同时通过 OpenFlow 协议与远程 controller 通信。后者建立一个 SSL（Secure Socket Layer）与 OpenFlow Switch 通信，使用 OpenFlow 接口添加/删除、更新 flow table entry。每当 Packet 不匹配 flow entry 时，就将 Packet 封装并转发给 controller, controller 分析该 Packet，更新网络中的 flow table，然后将 Packet 送回 OFS。

目前已经有 HP、Cisco、NEC 及 Juniper 的路由器上添加了 OpenFlow，事实上，OpenFlow 是简单的，将系统的复杂性留给 controller 上的控制软件，这就是通常所说的中央 controller 网络。

还是与 Reference Router 一样，作者从两个方面来介绍 OpenFlow 在 NetFPGA 平台上的实现。

(1) 硬　件

OpenFlow 依然采用了 Reference Router 的设计架构，只是对 output_port_lookup 做了全新的设计，如图 5.14 所示。

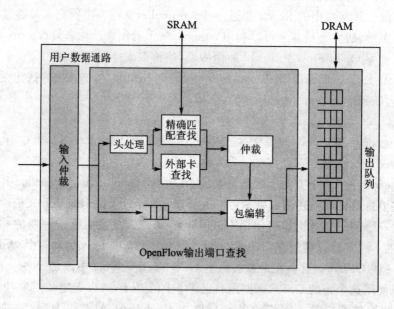

图 5.14　OpenFlow 设计架构

这里的 output_port_lookup 实现 OpenFlow Switch Specification 指定的功能：flow entry 待匹配的标记包含 Packet 的 10 个标志域，完成 Type 0 型的 Packet 操作。这个电路使用

TCAM 和 SRAM 的组合完成 flow table 的线速查找,支持大规模的 flow entry 和包含通配符的字符串匹配。其接口部分与前文的描述一样,包括了 data_path 输入、data_path 输出和寄存器读/写 3 部分。从图 5.14 可以看出,硬件查找 module 使用了外部 SRAM,因此在这个设计中也包含了 SRAM 控制器,这个电路与 3.5.4 小节介绍的控制器是不同的,在后面作者会做详细阐述。

① header_parser。

在 output_port_lookup 中,Packet 首先进入 header_parser,这个 module 从每个 Packet 中提取出要匹配的 10 个标志域,产生待匹配的 flow header。电路描述是一个 FSM,代码如下:

```
case (state)
    RESET_FLOW_ENTRY: begin
        ...
    end
    MODULE_HDRS: begin
        ...
    end
    PKT_WORDS: begin
        ...
    End
    WAIT_EOP: begin
        ...
    end
endcase
```

在状态 RESET_FLOW_ENTRY 将 VLAN 标记且在 Packet 源端口写入 flow entry,获取 Packet 的大小;在状态 MODULE_HDRS 将源和目的 MAC 地址写入 flow entry;在状态 PKT_WORDS 将 Packet 的其他标志域写入 flow entry,帧类型部分的代码如下:

```
counter <= counter + 1;
case(counter)
  MAC_SRC_LO_ETHERTYPE_WORD: begin
    flow_entry['OPENFLOW_ENTRY_ETH_SRC_POS + 31 : 'OPENFLOW_ENTRY_ETH_SRC_POS] <= in_data[63:32];
    flow_entry['OPENFLOW_ENTRY_ETH_TYPE_POS + 15 : 'OPENFLOW_ENTRY_ETH_TYPE_POS] <= in_data[31:16];
    is_ip      <= in_data[31:16] == 'ETH_TYPE_IP;
    ip_hdr_len <= in_data[11:8];
  end
```

在状态 WAIT_EOP 完成 Packet 的传输。

② wildcard_lookup 和 exact_lookup。

第 5 章 经典应用剖析

接着将 Packet 的 flow header 并行送入 wildcard_lookup 和 exact_lookup。

前者使用 TCAM 来完成支持通配符的字符串匹配，包含实现 CAM 接口时序与数据输入的 unencoded_cam_lut_sm 和用于硬件查找的 srl_cam_unencoded_32x32，由于匹配输入的 flow entry 达 240 位，在这里使用 8 个 32×32 的 CAM 来提高查找效率，同时节省了硬件资源。

后者使用两个哈希函数来完成精确匹配，SRAM 用来存储包含计数器的 flow table，其核心电路是一个实现 SRAM 读/写的 FSM，这个状态机可以在 SRAM 同时查找两个 flow，每次查找大约需要 32 个周期：

- 在前 8 个周期检查 flow_0 的 flow header 在 SRAM 中的哈希选项（hash0 和 hash1），每 4 个周期完成一次检查；
- 在第 2 个 8 周期读取 flow_1 的 flow header，检查其哈希选项；
- 在第 3 个 8 周期获取 flow_0 的匹配结果，同时读取计数器值和 flow_0 对应的操作；
- 在最后 8 个周期更新计数器（1 more cycle），同时获取 flow_1 的匹配结果，匹配成功后，同样更新计数器。

这个状态机的描述使用周期数来定义状态名，共包含了 32 个状态，对应上文提到的 32 个周期，比如状态 1 的代码如下：

```
1: begin
    // write back updated counters for flow 1
    addr           <= EXACT_NUM_FLOW_WORDS_USED + (flow_1_index_0_match
                                                ? {flow_1_index_0, 4'h0}
                                                : {flow_1_index_1, 4'h0});
    wr_0_req                <= flow_1_vld && exact_wins;
    wr_0_data               <= flow_1_cntrs_updated;

    // read flow 0
    flow_0_hdr              <= dout_flow_entry;
    flow_0_pkt_size         <= dout_pkt_size;
    if(!flow_fifo_empty) begin
        fifo_rd_en          <= 1;
        flow_0_vld          <= 1'b1;
    end
```

另外 header_hash 用于实现两个哈希函数，这里的哈希功能是以太网的 CRC 函数 crc_func_0。

这个设计中的 SRAM 控制器与 Reference Router 中的有所不同，电路核心是一个 4 级流水线的时序电路，4 级流水线依次完成确认请求、输出写数据及锁存读出来的数据。

③ match_arbiter。

match_arbiter 从 wildcard_lookup 和 exact_lookup 中选择一个匹配结果，通常会选择 exact_lookup 的结果。电路描述是一个 FSM，代码如下：

```
case (state)
    WAIT_FOR_WILDCARD: begin
        ...
    end
    WAIT_FOR_EXACT: begin
        ...
    end
    WAIT_FOR_EXACT_DATA: begin
        ...
    End
endcase
```

在状态 WAIT_FOR_WILDCARD 判断缓存 FIFO 中是否有来自 wildcard_lookup 的匹配结果；在状态 WAIT_FOR_EXACT 判断 exact_lookup 的匹配结果是否到来；在状态 WAIT_FOR_EXACT_DATA 获取 exact_lookup 的匹配结果，并将该结果送给 opl_processor。

图 5.14 中的包编辑（packet_editor）模块是电路里面的 opl_processor，它从缓冲 FIFO 中读取匹配结果，即 flow 的操作，将这个操作以 Packet 控制字的形式添加到 Packet 头部，然后将修改后的 Packet 送给下一个 module，主 FSM 的代码如下：

```
case (state)
    WAIT_FOR_INPUT: begin
        ...
    end
    WRITE_REPLACEMENTS: begin
        ...
    end
    WRITE_OUTPUT_DESTINATION: begin
        ...
    End
    HEADER_REPLACE_REST: begin
        ...
    End
    WRITE_PACKET: begin
        ...
    End
    DROP_PKT: begin
```

```
        ...
      End
   endcase
```

在状态 WAIT_FOR_INPUT 判断是否有新的匹配结果；在状态 WRITE_REPLACE-MENTS 判断匹配结果是否有转发操作，没有则丢弃，有则转入下一个状态；在状态 WRITE_OUTPUT_DESTINATION 添加输出端口标记位，代码如下：

```
if(in_fifo_ctrl == 'IO_QUEUE_STAGE_NUM) begin
    out_data_nxt['IOQ_DST_PORT_POS + 15:'IOQ_DST_PORT_POS] = forward_bitmask;
    state_nxt = HEADER_REPLACE_1ST;
end
```

在状态 HEADER_REPLACE_1ST 完成一些修改；在状态 HEADER_REPLACE_REST 完成 Packet 控制字的修改；在状态 WRITE_PACKET 完成 Packet 的正常转发；在最后一个状态完成丢包操作。

上面是 output_port_lookup 的设计细节，由于在这个 module 的前后分别添加了 vlan_remover 和 vlan_adder，前者判断输入 Packet 是否包含 VLAN 标记，如果有则删除该标记，同时将这个标记以控制字的形式放到 Packet 头部。电路描述使用了两个 FSM，一个简单地完成 VLAN 标记的判断和锁存，代码如下：

```
case (state)
    SKIP_HDRS: begin
        ...
    end
    CHECK_VLAN: begin
        ...
    end
    GET_VLAN_TAG: begin
        ...
    End
    WAIT_EOP: begin
        ...
    End
endcase
```

在状态 CHECK_VLAN 和 GET_VLAN_TAG 判断有效的 VLAN 标记，送出存储 VLAN 标记控制信号。

另一个复杂的 FSM 去掉 Packet 中的 VLAN 标记，添加 VLAN 控制字，代码如下：

```
case (state)
    WAIT_PREPROCESS: begin
        ...
    end
    ADD_MODULE_HEADER: begin
        ...
    end
    WRITE_MODULE_HEADERS: begin
        ...
    End
    REMOVE_VLAN: begin
        ...
    End
    WRITE_MODIFIED_PKT: begin
        ...
    end
    WRITE_LAST_WORD: begin
        ...
    End
    SEND_UNMODIFIED_PKT: begin
        ...
    End
endcase
```

在状态 ADD_MODULE_HEADER 添加 VLAN_CTRL_WORD 控制字；在状态 REMOVE_VLAN 删除 Packet 中的 VLAN 标记；在状态 WRITE_MODIFIED_PKT 和 WRITE_LAST_WORD 完成修改后 Packet 的传输。

vlan_adder 完成 vlan_remover 相反的操作，只用了一个 FSM，代码如下：

```
case (state)
    FIND_VLAN_HDR: begin
        ...
    end
    WAIT_SOP: begin
        ...
    end
    ADD_VLAN: begin
        ...
    End
    WRITE_MODIFIED_PKT: begin
```

...
End
endcase

不知道读者是否记得：OpenFlow 可以扩展 flow table 中的操作，这是实验新的协议和思路的重要功能。我们可以使用与 VLAN 标记处理类似的方法来添加新的操作，这也是作者介绍 vlan_remover 和 vlan_adder 的原因。各个 module 的电路实现已经介绍完了。

读者可以在 NF2/projects/openflow_switch/src 目录下深入分析项目的源代码。

(2) 软　件

OpenFlow Switch 的管理软件实际上是 OpenFlow 参考软件的扩展，这个开源软件包可以在 OpenFlow 网站上下载，包括用户层和内核层两部分：用户空间使用 SSL 接口和 controller 通信，OpenFlow 协议定义了二者之间通信的消息格式。从 OFS 到 controller 的消息有新 flow 的初次到达、链接状态的更新等；从 controller 到 OFS 的消息有添加/删除 flow table entry 的请求。用户空间与内核模块通过 IOCTL 来通信。

内核模块用来维护 flow table、处理 Packet 和更新参数。参考 OFS 的内核模块仅在软件中创建这些 flow table，通过 PC 上的 NIC 来匹配 Packet。这些 table 链接成一个链表，每个 Packet 的测试都是在这条链表上顺序匹配的，第 1 个 table 的优先级最高，软件实现的 wildcard 查找表使用一条链接搜索表，精确查找使用 two-way hashing 来实现。我们实现的 OpenFlow 将用硬件来实现 flow table。在参考系统中添加 OpenFlow module，到达 NetFPGA 的 Packet 匹配硬件 flow table 的直接转发，不匹配的将通过 OpenFlow 内核模块被转发给 controller。当硬件 flow table 被写满时，内核模块将拒绝添加 flow entry 到 flow table 中，Packet 会先被送到软件层处理。

5.4　丰富的 Project

如果一种工具或者平台没有未来，那么还有掌握的必要吗？

NetFPGA 从一开始就表现出了强大的可编程能力，使用者可以根据自己的需要定制特定的系统，高速数据处理部分可以用 UFPGA 来实现，复杂的上层协议可以用软件来完成。短短的一年时间，涌现出如此多新的 Project，作者将 NetFPGA 网站的开源 Project 给读者进行简单介绍。

5.4.1　值得分析的 Project

Packet Generator 和 OpenFlow Switch 这两个项目是作者特意挑选出来和读者一起深入讨论的，作者希望读者在学习这些项目时能够像分析 Reference Router 设计时一样，真正掌握电路实现的要领。当然，如果我们想要更进一步，让自己在设计电路时能有的放矢，仅仅掌握这些是远远不够的。

细心的读者会发现前面这两个项目都属于 NetFPGA 后续开发方式中的第 1 种,在 Reference Router 的基础上做功能扩展。下面作者来介绍一个全新设计的项目 NetFlow Probe,当然这里所谓的全新设计也是相对的。

Netflow 是 Cisco 公司提供的一种技术,最初用于网络设备对数据交换进行加速,现在已经逐步用于 IP 数据流的测量和统计,并可同步实现对 IP/MPLS 网络的通信流量进行详细的行为模式分析,另外还可以用于异常流量监测。一般来讲,Netflow 需要对网络中传输的各种类型 Packet 进行区分,通过分析 Packet 的源/目的 IP 地址、源/目的端口号、第 3 层协议类型、TOS 内容、输入/输出逻辑端口等属性,快速区分各种不同类型业务的 flow,对每个 flow 可进行单独地跟踪和准确计量,并统计相关的流量信息,如图 5.15 所示。

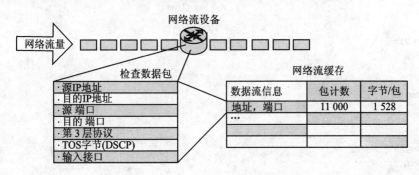

图 5.15 根据数据包特征生成流示意图

对 Netflow 的技术细节有兴趣的读者可以登录 http://www.cisco.com/en/US/docs/ios/12_0/switch/configuration/guide/xcovntfl.html#wp3338 进一步学习。

随着技术的演进,Cisco 公司已经推出了 5 个实用版本,这里的项目以 Netflow v5 为蓝本。整个系统包括运行在一台 PC 上的用户软件和 NetFPGA 上的硬件,前者实现系统控制、配置及数据收集;后者主要完成 flow 的测试。

(1) Netflow 硬件设计

Netflow 硬件设计结构如图 5.16 所示。

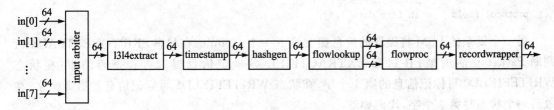

图 5.16 Netflow 硬件设计结构图

从图 5.16 中可以看出，6 个电路模块形成一条较长的流水线，取代了 Reference Router 中的 user_data_path，每个电路都完成特定的功能，模块之间的接口采用的依然是 Reference Router 中的标准接口。下面来看看各个电路的设计。

① l3l4extract 将 Packet 中的标志信息提取出来，创建一个 PR(Packet Record)，输出给下一个 module。电路的描述包含两个 FSM，一个简单的 FSM 完成信息的提取，代码如下：

```
case (cnt)
    0: begin
        ...
    end
    2: begin
        ...
    end
    3: begin
        ...
    End
    4: begin
        ...
    End
    5: begin
        ...
    End
    6: begin
        ...
    end
endcase
```

cnt 是一个记录输入 Packet 字的计数器，在对应的 Packet 字处获取标记信息，以第 3 个数据字为例，代码如下：

```
doctets         = in_fifo_data[63:48];
ttl             = in_fifo_data[15:8];
protocol_field  = in_fifo_data[7:0];
```

另一个复杂的 FSM 将提取的信息提交给下一个 module，在状态 SKIPTONEXTPACKET 判断 Packet 是否有效；在状态 EXTRACTFIELDS 确定信息提取过程是否结束；在状态 WRITEFIELD0 写标记信息的第 1 个字；在状态 WRITEFIELD1 写标记信息的第 2 个字；在最后一个状态写第 3 个字，代码如下：

```
case (fsm_state)
    SKIPTONEXTPACKET: begin
```

```
        ...
        end
    EXTRACTFIELDS: begin
        ...
    end
    WRITEFIELD0: begin
        ...
    End
    WRITEFIELD1: begin
        ...
    End
    WRITEFIELD2: begin
        ...
    End
endcase
```

② timestamp 在 PR 中添加时间戳，这里的时间戳指的是 Netflow 启动的时间，以毫秒为单位，同时这个时间存储到相应的寄存器里，以供用户软件访问。

③ hashgen 计算 PR 对应的 64 位哈希值，同时将该值插入 PR 中，电路描述有 CRC 计算、哈希值插入及寄存器实现部分。

④ flowlookup 的输入包含两部分：来自 hashgen 的 64 位哈希值和来自 flowproc 的控制字（命令和地址）。对哈希值和控制字的处理电路代码如下：

```
case (instate)
    WAIT_FOR_FIFO: begin
        ...
    end
    DELETE_CMDADDR: begin
        ...
    end
    HASH_LOOKUP0: begin
        ...
    End
    HASH_LOOKUP1: begin
        ...
    End
endcase
```

在状态 WAIT_FOR_FIFO 判断哈希值和控制字 FIFO 是否有新的数据，前者转状态 HASH_LOOKUP0，后者转状态 DELETE_CMDADDR；在状态 DELETE_CMDADDR 读取控制字 FIFO 中的数据，将读出的数据写入中间 FIFO；在状态 HASH_LOOKUP0 和 HASH_LOOKUP1 状态读取哈希值缓冲 FIFO 中的数据，将读出的数据写入中间 FIFO。另外一个 FSM 从存储器中读取有效哈希值，代码如下：

```
case (instate)
    INIT_MEM: begin
        ...
    end
    WAIT_FOR_HASH: begin
        ...
    end
    WAIT_FOR_DELETE: begin
        ...
    End
    WAIT_FOR_INDEX: begin
        ...
    End
    DISCARD_REST: begin
        ...
    End
    WRITE_REST: begin
        ...
    End
endcase
```

这个电路的内部结构如图 5.17 所示。

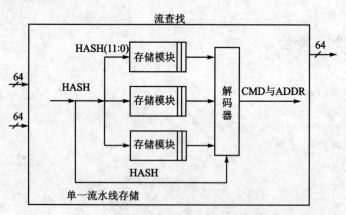

图 5.17　流查找（flowlookup）内部结构图

⑤ flowproc 完成新的 flow 记录的初始化、现存 flow 记录的更新及不活动 flow 记录的删除。当确认不活动的 flow 记录时,将删除命令送给 flowlookup;flowlookup 删除对应的 flow 记录后会发送已经删除命令给 flowproc;flowproc 在存储单元中查找并删除相应的 flow 记录,同时将删除的记录发送到输出接口,电路结构图如图 5.18 所示。

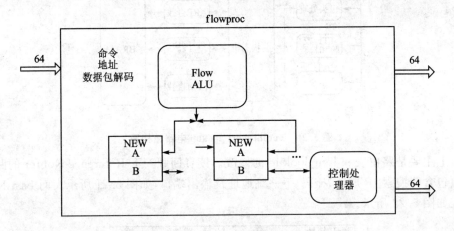

图 5.18　flowproc 电路结构图

⑥ recordwrapper 暂存要处理的 flow 记录。当缓存的 flow 记录多于 15 个或者存储 20 ms 时,将这些 flow 记录封装成 Netflow v5 格式输出到 output_queue。

(2) Netflow 软件设计

Netflow 的软件架构如图 5.19 所示。

在 3.5.2 小节作者已经深入讨论了 Reference Router 的 output_port_lookup 模块,不知道读者想过没有:如何通过修改 output_port_lookup 来实现 Router 功能和性能的扩展?

Fast Rerouter and Multipath Routing 就是这样的项目,在两个方面进行了扩展:一种是 Fast Rerouter (RFC4090)技术,可以减少因为硬件链接失败导致的丢包数;另一种是 Multipath Routing 技术,指的是路由查找结果中包含多条 best paths,也就是 Packet 有多个下一跳地址,这种技术会涉及负载均衡和如何更好利用网络的问题。

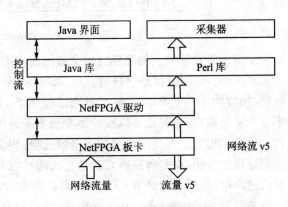

图 5.19　Netflow 的软件架构图

下面来看看这两种技术的实现，output_port_lookup 的电路结构如图 5.20 所示。

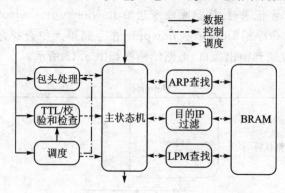

图 5.20 output_port_lookup 电路结构图

事实上主要是路由表和 lpm_lookup 的修改。读者回顾一下 Reference Router 的路由表，每个选项包含待搜索 IP 地址、掩码、下一跳地址及输出端口，如图 5.21 所示。而 Fast Rerouter 的路由表如图 5.22 所示。

搜索IP地址	掩码	下一跳地址	端口
192.168.100.0	255.255.255.0	192.168.101.2	0000 0001

图 5.21 Reference Router 的路由表

	搜索IP地址	掩码	下一跳地址	端口
1	192.168.100.0	255.255.255.0	192.168.101.2	0000 0001
2	192.168.100.0	255.255.255.0	192.168.101.2	0000 0100

图 5.22 Fast Rerouter 的路由表

每个下一跳地址对应的路径有一个备用输出端口，即图 5.22 中的第 2 个选项。

实现 Reroute 的过程是这样的：lpm_lookup 从 PHY 获取硬件链接状态，一旦硬件链接出了问题，接收的下一个 Packet 将不会选择前面 Packet 对应的输出端口，而是选择图 5.22 中的第 2 个输出端口，这样就可以快速地实现重新路由，在快速的切换过程不会导致丢包现象。

如果我们给每个查找结果添加多余的选项，则会浪费很大的资源空间。在电路设计中没有采用这样的方法，而是将路由表选项中的端口域从原来的 8 位扩展为 16 位，前 8 位是优先级高的输出端口，后 8 位是 Rerouter 时的备用端口。

再来看看 Multipath Routing 的实现，输入的 Packet 可以沿着多条路径到达目的主机，从路由表来看就是每个选项的 Port 域包含多个输出端口，匹配该选项的 Packet 也会从多个端口输出，每个输出端口对应一个下一跳 IP 地址。在路由表中给每个输出端口定义一个 8 位的指针，使用这个指针在另一个表中根据输出端口查找下一跳 IP 地址，路由表选项和下一跳 IP 地址查找表如图 5.23 所示。

搜索IP地址	掩码	下一跳序列	端口
192.168.100.0	255.255.255.0	02 00 00 01	0100 0001

序列	下一跳地址
1	192.168.101.2
2	192.168.102.3

图 5.23　路由表选项和下一跳 IP 地址查找显示图

通常我们轮询式选择输出端口,即不同的路由线路,使用一个寄存器来记录输出端口是否正在使用,同时 lpm_lookup 选择下一个可用的输出端口。这里需要指出的是,多个路径的输出端口并没有优先级,如果要优化带宽、延时及 QoS 等,可以通过有选择地指定输出端口来实现。

(3) 高速硬件查找方法

熟悉网络技术的读者一定知道高速硬件查找方法在防火墙和入侵检测系统中的重要性,IP-Lookup with Blooming Tree 就是一个在 NetFPGA 上实现高速路由查找的项目,作者为什么选择这个项目来和读者一起讨论呢?

通过这个项目的学习,读者可以体会:从一个复杂的查找算法开始,分析算法的查找速度、存储单元访问次数及访问时间,然后考虑如何用硬件来实现这个算法,怎样合理地划分模块架构,如何提高查找速度,如何降低资源利用率等问题,最终进行电路功能的验证和性能的分析。

作者简单介绍一下 IP 查找电路的结构,如图 5.24 所示。

32 位的目的 IP 地址并行输入 BT-Array 和 DA,Output Controller 比较两个查找结果选择有效输出(32 位的下一跳 IP 地址和 3 位的输出端口号)。核心模块 BT-Array 的结构图如图 5.25 所示。

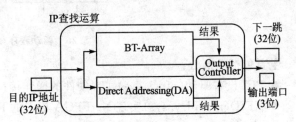

图 5.24　IP 查找电路结构图

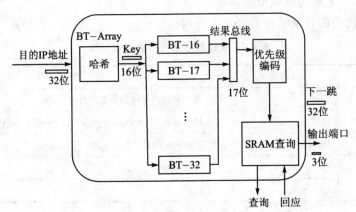

图 5.25　BT-Array 结构图

第 5 章 经典应用剖析

有兴趣的读者可以比较 Reference Router 中的查找单元与该项目中的硬件查找模块的性能。

(4) 在 Windows 下安装和使用 NetFPGA

最后作者来介绍一下如何在 Windows 下安装和使用 NetFPGA,同样也是一个开源项目,这个驱动程序的架构如图 5.26 所示。

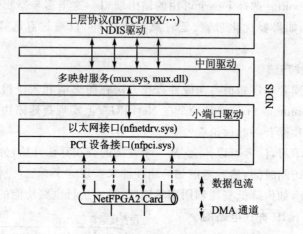

图 5.26 驱动程序架构图

主要包括 3 部分:
- PCI 设备驱动(nfpci.sys)实现硬件的操作接口,比如资源分配和寄存器访问等;
- NEID(nfnetdrv.sys)实现 NetFPGA 板卡的 PnP 管理,nfpci.sys 和 nfnetdrv.sys 实现单个 NDIS Miniport 驱动的两个子模块;
- MMSD(mux.sys、mux.dll)是中间驱动,将 NetFPGA 设备映射成 4 个虚拟的 miniport,给上层协议预留接口。

驱动程序源代码的目录结构如表 5.3 所列。

表 5.3 驱动程序源代码的目录结构

序 号	目 录	描 述
0	\inc	驱动和用户程序的头文件及声明
1	\pci	PCI 驱动,使用 DDK 中的 PLX9x5x 例子为模板
2	\ndis	Miniport 驱动
3	\mux	Mux 驱动
	\notifyob	

续表 5.3

序号	目录	描述
4	\nf2kits\nf2_download	FPGA 配置文件.bit 下载
	\nf2kits\nf2reg	寄存器读/写
	\nf2kits\pktools	数据包接收和发送
5	\install\x86	32 位 x86 架构安装文件
	\install\amd86	64 位 x64 架构安装文件

读者可以深入分析源码的实现细节。

如何安装 NetFPGA 的 Windows 驱动呢？

我们先来看看程序的编译，需要注意以下几点：

- 选择 WDK 编译环境，在目录 netfpga\下输入"Build"；
- X86 版本输出文件在目录 netfpga\i386\，复制 nfpci.sys，nfnetdrv.sys，mux.sys，mux.dll 到目录 netfpga\install\x86 下；
- X64 版本输出文件在目录 netfpga\amd64\，复制 nfpci.sys，nfnetdrv.sys，mux.sys，mux.dll 到目录 netfpga\install\amd64 下；
- 在 netfpga\nf2kits\目录下用 VS 打开 nf2_download.sln，选择""，所有可用的执行文件在 netfpga\nf2kits\debug\目录下。

接着来看看驱动的安装，第 1 步先做好安装前的准备：

- x86 安装需要 nfpci.inf，nfpci.sys，nfnetdrv.inf，nfnetdrv.sys，muxp.inf，mux_mp.inf，mux.sys，mux.dll，WdfCoInstaller01007.dll，WUDFUpdate_01007.dll；
- amd64 安装需要 nfpcix64.inf，nfpci.sys，nfnetdrvx64.inf，nfnetdrv.sys，muxp.inf，mux_mp.inf，mux.sys，mux.dll，WdfCoInstaller01007.dll，WUDFUpdate_01007.dll；
- 如果不是第 1 次安装，在/windows/system32/drivers 目录下有这些文件，可以删除这些文件然后重启 Windows。

第 2 步安装 nfpci.sys：

- 先拔掉连接在 NetFPGA 上的网线，避免初始化错误，启动服务器；
- 在设备管理器中的"其他设备"中选择新设备"以太网控制器"，右击选择"更新驱动"；
- 选择"不，暂时不"，单击 Next；
- 选择"从列表或指定位置安装"，单击 Next；
- 选择"不要搜索，自己选择"，单击 Next；
- 选择"显示所有设备"，单击 Next；
- 选择"在硬盘选择"，打开目录\netfpga\install\x86 或\netfpga\install\amd64 for x64；
- 如果是 x86 版本选择文件"nfpci.inf"；如果是 x64 选择"nfpcix64.inf"。选择"NetFPGA2

板卡 PCI 驱动服务",单击"确定";
- 单击"完成",在设备管理器""选项,可以看到名为"NetFPGA2 板卡 PCI 驱动服务"的新板卡。

第 3 步安装 nfnetdrv.sys:
- 在设备管理器中右击第 2 步中完成的设备,选择更新驱动;
- 选择"不,暂时不",单击 Next;
- 选择"从列表或指定位置安装",单击 Next;
- 选择"不要搜索,自己选择",单击 Next;
- 选择"在硬盘选择",单击 Next;
- 如果是 x86 版本选择文件"nfnetdrv.inf";如果是 x64 选择"nfnetdrvx64.inf"。选择"NetFPGA2 驱动 NDIS 上层",单击"确定";
- 这时第 2 步中的板卡名变为"NDIS 上层的 NetFPGA2 驱动",移到网络设备下。

第 4 步就是下载 FPGA 配置文件(bit):
- 再次确认 NetFPGA 端口无连接;
- 下载完成,可以看到"- chip has been successfully programbled";
- 然后连接端口 0,重启服务器;
- 重启后,配置服务器 IP 地址,等待 DHCP 配置;

最后还需要安装 mux.sys:
- 在控制面板的网络连接右击"局域网连接 ♯NDIS 上层 NetFPGA2 驱动",单击安装,选择"协议",添加;
- 选择"在硬盘选择",打开目录\netfpga\install\x86 或\netfpga\install\amd64 for x64;
- 选择"muxp.inf",安装"NetFPGA Mux-IM 协议驱动",单击 OK,然后继续;
- 这时可以在网络连接列表里看到 4 个虚拟 mini 端口命名为:NetFPGA 2 Miniport Driver ♯,现在可以连接所有端口了,完成 IP 地址和 DHCP 的配置。

一般来讲,重启后驱动已经开始工作,系统运行不正常时,可以重新下载配置文件或者清空 power down\power up\目录,重新安装驱动。

5.4.2 更多的 Project

打开这个链接:http://netfpga.org/foswiki/bin/view/NetFPGA/OneGig/ProjectTable,可以看到工程列表如图 5.27 所示。

有链接的项目都是可以免费下载的,有兴趣的读者可以深入分析其源代码,甚至在自己的系统中可以使用这些参考设计。

我们可以将一些主要的项目划分为如图 5.28 所示的几类。
- 第 1 类是网络方面的经典应用,比如路由查找、规则表达式匹配、包发生器及 Netflow

Project (Title & Summary)	Base Version	Status	Organization	Documentation
IPv4 Reference Router	2.0	Functional	Stanford University	Guide
Quad-Port Gigabit NIC	2.0	Functional	Stanford University	Guide
Ethernet Switch	2.0	Functional	Stanford University	Wiki
Buffer Monitoring System	2.0	Functional	Stanford University	Guide
Hardware-Accelerated Linux Router	2.0	Functional	Stanford University	Guide
DRAM-Router	2.0	Functional	Stanford University	Wiki
DRAM-Queue Test	2.0	Functional	Stanford University	Wiki
Packet Generator	2.0	Functional	Stanford University	Wiki
OpenFlow Switch	2.0	Functional	Stanford University	Wiki
NetFlow Probe	1.2	Functional	Brno University	Wiki
AirFPGA	2.0	Functional	Stanford University	Wiki and Paper
Fast Reroute & Multipath Router	2.0	Functional	Stanford University	Wiki
NetThreads	1.2.5	Functional	University of Toronto	Wiki
Precise Traffic Generator	1.2.5	Functional	University of Toronto	Wiki
URL Extraction	2.0	Functional	Univ. of New South Wales	Wiki
zFilter Sprouter (Pub/Sub)	1.2	Functional	Ericsson	Wiki
Windows Driver	2.0	Functional	Microsoft Research	Wiki?
RED	2.0	Functional	Stanford University	Wiki
Open Network Lab	2.0	Functional	Washington University	Wiki
DFA	2.0	Functional	UMass Lowell	Wiki?
G/PaX	?.?	Functional	Xilinx	Wiki

图 5.27　工程列表文件图

- 经典应用
  - IP-Lookup with a Blooming Tree Array
  - DFA-based Regular Expression Matching
  - Packet Generator
  - OpenFlow Switch
  - NetFlow Probe
- 扩展应用
  - Fast Reroute & Multipath
  - Deficit Round Robin (DRR) Input Arbiter
  - OpenFlow-MPLS Switch
  - DRAM-Router
- 新颖的应用
  - AirFPGA: Software Defined Radio (SDR) platform
  - Random Early Detection
  - Virtualized Data Plane for the NetFPGA
- 高级编程
  - G / Packet Express (PAX)
  - Programming with Network Threads
- 网络实验环境
  - NetFPGAs in the Open Network Lab (ONL)
  - KOREN (Korea)

图 5.28　主要的项目划分

第 5 章 经典应用剖析

等,其中作者认为 Packet Generator 和 OpenFlow Switch 这两个项目比较有参考价值,在前文也做了介绍;
- 第 2 类是 Reference Router 的扩展应用,实际上是将 Router 中的 module 在性能和功能上进行改进,推荐读者重点学习 Fast Reroute&Multipath 项目;
- 第 3 类是新颖的应用,对 NetFPGA 及其项目的发散,比如 AirFPGA 实现了无线信号的接收和数据处理;
- 第 4 类是如何在 NetFPGA 上进行高级编程,G/Packet Express 项目介绍了一种用于网络硬件编程的 G 语言,软件工程师使用这种语言在 NetFPGA 平台上很容易地开发硬件模块;Programming with Network Threads 项目阐述了如何在 NetFPGA 平台上开发多线程应用程序;
- 第 5 类是使用 NetFPGA 搭建的实验网络的项目,比如 ONL 和 KOREN 项目。

5.5 贡献你的 Project

前面几节介绍了这么多项目,读者应该可以体会到:一个平台加上一个好的设计架构为我们自己做研究和设计提供了多大的便利,不用担心物理层和链路层的实现,只需要 Do what you want。对于资深人员来说,可以在网络层以及更高层次验证自己的算法和研究成果;对于初学者来说,可以从一开始就能接触到网络硬件的设计,还可以纵向了解一个网路系统的层次结构,比如转发 Packet 的硬件单元、内核空间的驱动程序及用户空间的操作软件;尤其是那些致力于逻辑和可编程硬件设计领域的人,他们可以很快地做一些系统级的验证工作。

作者期待每一个有兴趣的读者能够在不久的将来做出自己的项目,并且乐于提供到 NetFPGA 社区。接下来就以 Packet Generator 为例,讲述如何贡献自己的 Project 到 NetFPGA社区,需要 4 步:

① 创建一个 WordPress Page,在 Project 列表里面简单地描述你的 Project,并且创建一个图标,完成后的界面如图 5.29 所示。

② 创建一个 Wiki Page,将会描述 Project 的使用方法、下载地点、regression 测试等,如图 5.30 所示。

③ 创建一个 XML 文件描述项目,代码描述如下:

```
<build>
    <base name = "LICENSE"/>
    <base name = "bitfiles/packet_generator.bit"/>
    <release name = "packet_generator" version = "1.0">
        <project name = "packet_generator"/>
    </release>
```

图 5.29 创建 WordPress Page 界面

```
</build>
```

下载界面如图 5.31 所示。

④ Post the Package 确认你的 Package 可以在 Wiki page 中下载到。

完成以上步骤,你就可以让社区的其他人员共享你的 Project,也可以在论坛上讨论你的 Project。

我们再来回顾一下前面的内容,首先介绍了如何用 Reference Router 来搭建一个 NetFPGA 网络,在这个网络中可以验证 Router 的功能和性能,当然也可以验证更多的基于 NetFPGA 的 Project;接着以 Packet Generator 和 OpenFlow Switch 为例详细阐述了新的 Project 的开发;同时也介绍了其他的 Project 和将自己的 Project 贡献到社区的具体步骤。

第 5 章 经典应用剖析

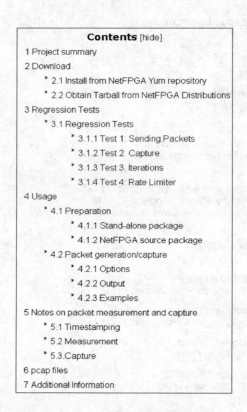

图 5.30 创建 Wiki Page

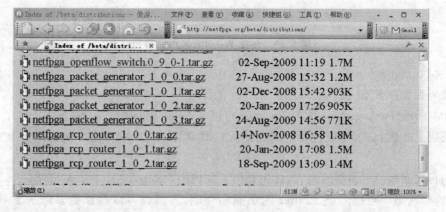

图 5.31 下载界面

第6章 开发实践

以讨论要解决的问题开始,研究如何从问题入手来进行设计架构,又如何以架构设计形成类结构。进而以类结构为基础来讨论设计的实现,而实现阶段的成果又会回馈到类架构的设计之中,从而形成迭代式的开发模式。

——李维

上面这段话是 Borland 大中华区 CTO 李维先生在《面向对象开发实践之路——C#版》中的一段话,虽说谈的是软件项目的开发思路,作者却以为在硬件开发过程中也是可以借鉴的。在设计之初我们要有一个科学的思考过程,在设计中又需要科学的执行过程,这样才可以最大限度地保证结果的正确和完美。

6.1 选择流量检测

上一章我们已经讨论了多个 Project,其中大多数都是在 Reference Router 架构的基础上进行二次开发,作者相信读者对 Reference Router 的架构已经非常熟悉了。另外至此也分析了较多的电路结构和源代码,读者应该掌握了不少基本模块的设计方法,不用再等了,赶紧开始自己的开发之路吧!

本章作者将讲述在 Reference Router 架构的基础上进行二次开发的思路和方法。回顾 NetFPGA 网站上的 Project,Packet Generator 是一个学习二次开发的好例子,作者一度想选择这个例子用于本章的学习,然而 Packet Generator 需要添加和修改的 module 较多,对于初学者来说稍显复杂,会浪费较多的精力在功能的实现上。因此,最终选择了流量检测系统,这样做的原因有:

① 这个系统的功能相对比较简单:统计指定特征的流量,这些用户可以定义的特征包括 Packet 的源/目的 IP 地址、源/目的端口及特定位置的字符串,实时显示的统计结果包括目标流量和所有流量的包速率。

② 电路的实现只需要添加一个 module 就可以了,创建一个简捷的 GUI,驱动程序设计只是寄存器读/写函数的调用而已。

③ 近年来,以 BT 为代表的 P2P 下载软件流量占用了大量带宽,影响了正常的 Internet

第6章 开发实践

应用和依赖于网络连接的协同工作,为网络规划、网络安全和网络管理带来了巨大的挑战,如何有效地实时识别和监测特定流量成为迫在眉睫的任务。

问题:新的 module 需要放在哪两个 module 之间?

事实上,这个新的 module 的位置没有特殊的要求,只要在主数据通路上就可以,即 user_data_path 里面。

我们将这个 module 放在 input_arbiter 和 output_port_lookup 之间,命名为 Traffic monitor,链接如图 6.1 所示。

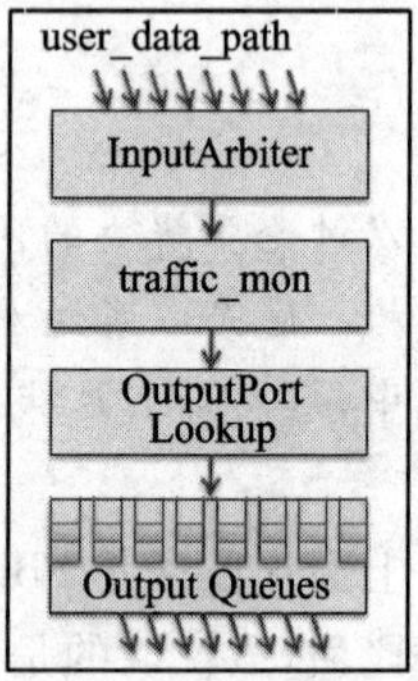

确定了 traffic_mon 的位置,也就确定了 module 的外部接口信号。另外读者可以回顾一下 3.3.1 小节的内容:

① traffic_mon 的接口也应该包括 Packet_data_path 总线接口和 Register_data_path 总线接口,同时内部实现也是 module 功能实现和寄存器描述两部分。

② traffic_mon 也要满足 pipelining 的要求,需要添加一个输入缓冲 FIFO。

③ 由于这个 module 需要分析 Packet 的数据,所以掌握标准的 Packet 格式也是必须的。

图 6.1 示例开发模块流程图

(1) 考虑如何设计 module 的结构

我们知道 traffic_mon 需要统计指定特征的流量,这些特征可以分为两种:一种是 Packet 头部信息的检测,比如源/目的 IP 地址和源/目的端口;另一种是 Packet 内容的扫描,比如判断是否包含特定位置的字符串。另外 traffic_mon 还需要实时显示统计结果。回顾 3.5.2 小节的内容,对于 traffic_mon 我们也采用 FSMD 的设计结构。

主 FSM 完成 Packet 头部和内容的判断,启动包头检测和内容扫描电路,完成相应计数器的操作。

寄存器的读/写电路仍然采用与 input_arbiter 类似的设计,traffic_mon 需要的寄存器如表 6.1 所列。

表 6.1 traffic_mon 寄存器表

寄存器	功能描述
'TRAFFIC_MON_ENABLE	traffic_mon 启动信号
'TRAFFIC_MON_IPSRC	用户输入的源 IP
'TRAFFIC_MON_IPDST	用户输入的目的 IP
'TRAFFIC_MON_PORTSRC	用户输入的源端口

续表 6.1

寄存器	功能描述
'TRAFFIC_MON_PORTDST	用户输入的目的端口
'TRAFFIC_MON_PATTERN_LO	用户输入的字符串前 4 个字符
'TRAFFIC_MON_PATTERN_HI	用户输入的字符串后 4 个字符
'TRAFFIC_MON_PKTOFFSET	用户输入字符串在 Packet 中的哪个字
'TRAFFIC_MON_WDOFFSET	用户输入字符串在字的哪个位置
'TRAFFIC_MON_ALL_PKTCNT	所有流量指定时间内的 Packet 数目
'TRAFFIC_MON_ALL_BYTECNT	所有流量指定时间内的字节数目
'TRAFFIC_MON_TAG_PKTCNT	目标流量指定时间内的 Packet 数目
'TRAFFIC_MON_TAG_BYTECNT	目标流量指定时间内的字节数目
'TRAFFIC_MON_CLK_VALUE	指定时间内的 clk 数目

(2) 还需要考虑哪些问题

对了,还有计数器的实现,有可能计数器的宽度大于寄存器的 32 位,这样就需要用多个寄存器来存储计数值。另外包速率和流量都是需要记录时间的,我们这里使用系统时钟来计算时间。

硬件设计部分基本上就是这些内容。

(3) 设计流量检测系统的用户界面

接下来就是流量检测系统用户界面的设计,最终的 GUI 如图 6.2 所示。

这个 GUI 的上半部分是用户的输入部分,包括 6 个参数的输入:

① Source IP input(32 位源 IP 地址)和 Destination IP input(32 位目的 IP 地址);

② Source Port input(源端口)和 Destination Port input(目的端口);

③ Pattern input(特定字符串);

④ Signature offset in bytes(特定字符串在数据包中的位置),这个偏移位置是从 TCP/IP 包头后的第 1 个字节开始计算,比如 BT 协议的流量特征是指在启动 BT 时,用于响应的 Packet 在数据包内容的第 2 个字节有一个特殊的字符串 BitTorre,如果要通过设定特征字符串来检测 BT 流量,可以这样输入:

```
Pattern input:BitTorre
Signature offset in bytes:2
```

不过需要注意的是 Pattern input 输入的特征字符串必须小于 8 个字节。

下半部分是流量统计结果的显示,从图 6.2 中可以看出,总共有 4 个统计结果:

① All Packets Rate 实时显示所有流量的 Packet 速率;

第6章 开发实践

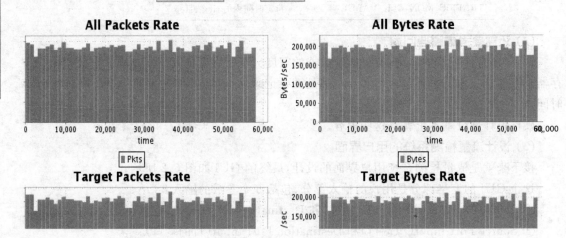

图6.2 流量检测系统用户界面

② Target Packets Rate 实时显示目标流量的 Packet 速率；
③ All Bytes Rate 实时显示所有流量的字节速率；
④ Target Bytes Rate 实时显示目标流量的字节速率，

后面这两个字节速率乘8就是我们熟悉的流量单位(b/s)。

(4) 流量检测系统的驱动设计

流量检测系统的驱动设计非常简单，仅仅是一些寄存器读/写函数的调用。

这样我们就清楚了整个系统的设计思路，从硬件设计到驱动程序，再到用户界面的设计。

作者要说的是，虽然这是一个简单的例子，但是与做复杂的系统设计时的思考过程是一致的。

不过现在我们还需要再仔细地想想：在电路的设计过程中还会有哪些难点？毕竟越早发现问

题,或者说提前有心理准备,我们就有可能把问题解决得更好。

(5) 如何验证流量检测系统的功能和性能

读者一定会想到在第 5 章搭建的那个 NetFPGA 网络,只要将流量检测系统在其中的一个 Router 上实现就可以。通过指定不同的特征信息分别验证了系统的功能,对于指定字符串的流量检测,我们就采用 BT 协议的例子。

这里又会有个棘手的问题,假如没有那么多的 NetFPGA 板卡,要使用最少的硬件资源,我们又如何验证这个系统?

作者使用 3 块 NetFPGA 板卡来搭建一个简单网络,另外需要 BT 客户端主机、BT 服/视频服务器和视频客户端主机,拓扑图如图 6.3 所示。

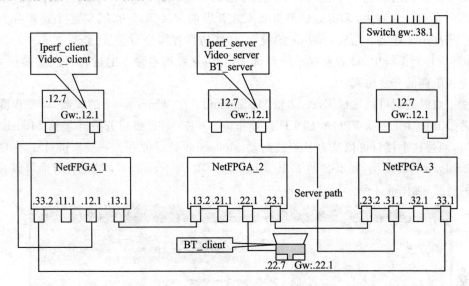

图 6.3　一个简单网络的拓扑图

流量检测系统的验证是这样的:通过视频访问来检测指定源/目的 IP 和源/目的端口的目标流量,通过 BT 下载来检测特定字符串指定的目标流量。

6.2　硬件设计方法

编写程序让计算机下棋并不困难,但是要让计算机的下棋水平达到很高却是非常困难,这也是为什么必须要由专家来编写对弈程序的道理。

——Francis Glassborow

其实做硬件设计也是这两重境界,第 1 步先做好功能,第 2 步就是提高性能。这里的硬件设计指的是在 FPGA 上实现预期功能电路的过程,实际上就是通常理解的逻辑设计和电路实

第6章 开发实践

现,前者是本节要重点阐述的内容;后者只占用了很短的篇幅,因为电路实现完全依赖于 EDA 工具的性能。

6.2.1 开始前的准备

作者希望读者在开始学习本节内容前能够熟悉数字电路基本知识(计数器、FIFO 等)、基本的同步电路设计以及 FPGA 设计流程和相关 EDA 工具,这样就可以绕开具体的电路实现,更好地掌握在 Reference Router 架构的基础上进行二次开发的流程和步骤。

欲善其事先利其器,首先需要搭建自己的开发环境。

在第 2 章我们已经完成了这一步,但是考虑到对 Windows 操作系统比较熟悉,作者在 traffic_mon 的开发过程中,采用的是类似嵌入式开发的交叉编译方法,将整个过程分为两部分:先在 Windows 环境下完成 module 的设计、功能仿真和综合后仿真;然后在 Linux 环境下将 module 添加到系统中,最后完成系统调试。当然,熟悉脚本命令的读者可以直接在 Linux 环境下完成电路的开发仿真。

花费一点时间就可以完成 ISE9.1 和 Modelsim6.2 在 Windows 下的安装,详细步骤读者可以参考《Xilinx ISE 9.x FPGA/CPLD 设计指南》一书。ISE 集成开发环境给 Modelsim 预留了接口,通过这个接口可以从 ISE 直接启动 Modelsim 进行仿真。一般来讲,ISE 会自动链接到 Modelsim 的启动项,在 ISE 的 Edit 菜单最后一项 Preferences 中的配置界面可以看到仿真工具的链接,如图 6.4 所示。

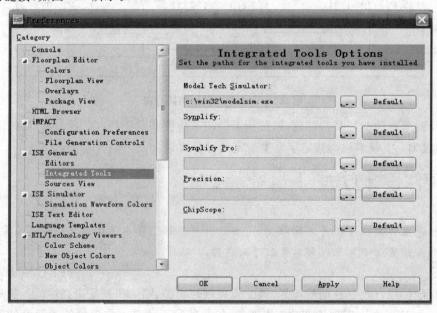

图 6.4　Preferences 中的配置界面

稍微费点神的是 Xilinx 公司器件仿真库的建立。最简便的方法就是运行集成开发环境自带的"Simulation Library Compilation Wizard"对需要的库进行编译。如果你想了解 ModelSim 对仿真库的管理，可以尝试手动编译仿真库，具体的操作可以参考《FPGA 开发实用教程》的 4.5.2 小节。

读者需要注意一点，本节内容并不是 ISE 和 Modelsim 的完整使用手册，并不做细部操作解说（完整手册可以参考 ISE Software Manual 和 ModelSim User's Manual）。基本上，如果你一边看这些文字说明一边实际玩玩这些工具，马上就会有深刻的印象。

编写 HDL 代码时，可以使用 ISE 集成的 HDL Editor。对于大规模的代码编写，作者比较喜欢使用 Notepad++，写完之后加入到 ISE 的工程中即可，这个软件编辑 VerilogHDL 代码的设置如图 6.5 所示。

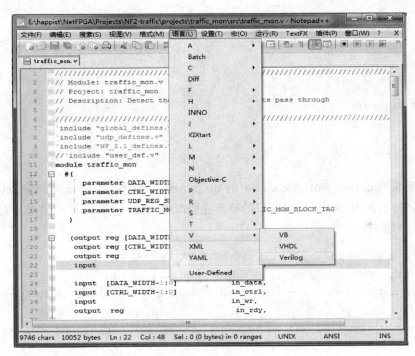

图 6.5　软件编辑 VerilogHDL 代码的设置

6.2.2　设计正确的 module

在 6.1 节已经明确了 traffic_mon 的设计思路和电路结构，接下来就需要将这些想法用 VerilogHDL 描述出来。

(1) traffic_mon 流量检测功能部分的实现

我们知道 traffic_mon 需要完成源/目的 IP、源/目的端口的检测以及 Packet 内容的扫描，这几个操作都由不同的 Packet 字来完成,因此主 FSM 除了 Packet 控制字判断状态和 Packet 数据正常转发状态之外,还需要包括源/目的 IP 提取状态和源/目的端口提取状态等,代码如下:

```
case(state)
    IN_MODULE_HDRS:begin
        ...
    end
    WORD_IP_SRC_DST: begin
        ...
    End
    WORD_IP_DST_PORT: begin
        ...
    end
    WORD_PKT_DATA: begin
        ...
    end
    WAIT_EOP: begin
        ...
    end
endcase
```

这个状态机与 output_port_lookup 中的 preprocess_control 类似,分析 Packet 字送出相应的控制字,源/目的 IP 和源/目的端口的检测比较简单,直接将 Packet 中的数据与寄存器比较就可以,代码如下:

```
assign src_ip_match = src_ip_vld? (in_data ['IOQ_SRC_IP + 31: 'IOQ_SRC_IP] == src_ip_input):0;
assign dst_ip_match = dst_ip_vld? (pkt_dst_ip == dst_ip_input):0;
assign src_port_match = src_port_vld? (in_data ['IOQ_SRC_PORT + 31: 'IOQ_SRC_PORT] == src_port_input):0;
assign dst_port_match = dst_port_vld? (in_data ['IOQ_DST_PORT + 31: 'IOQ_DST_PORT] == dst_port_input):0;
```

接着就是内容扫描电路,这个电路首先需要判断是 UDP 或者 TCP 报文,然后在指定位置检测用户输入的字符串,代码如下:

```
assign string_match = string_vld? (in_data ['IOQ_STR + 31: 'IOQ_STR] == string_input):0;
```

完成流量检测后从 input_fifo 中读取 Packet,计算 Packet 速率和字节速率,这些电路的关键是统计单位时间流量的字节数目,一个定时器设置一定的时间,代码如下:

```
always @(posedge clk)
```

```
        if(reset) begin
    clk_cnt <= 0;
    one_circle <= 0;
        end
        else if(traffic_enable)begin
                if(clk_cnt>CLK_CNT_VALUE)begin
                    clk_cnt <= 0;
                one_circle <= 1;
                end
                else  begin
                clk_cnt <= clk_cnt + 1;
                one_circle <= 0;
            end
        end
```

另外两个计数器在设定时间内统计 Packet 数目和字节数目,代码如下:

```
always @(posedge clk)
    if(reset) begin
        pkt_cnt <= 'h0;
        byte_cnt <= 'h0;
        pkt_len <= 0;
    end
    else if(traffic_enable)begin
        if(one_circle) begin
            pkt_cnt <= 'h0;
            byte_cnt <= 'h0;
        end
        else if(pkt_vld )begin
            pkt_cnt <= pkt_cnt + 1;
            byte_cnt <= byte_cnt + pkt_len;
        end
    end
```

Packet 输入缓冲 FIFO 仍然采用 fallthrough_small_fifo,module 的实例化与 input_arbiter 中的完全一样,代码如下:

```
fallthrough_small_fifo
#(.WIDTH(CTRL_WIDTH + DATA_WIDTH), .MAX_DEPTH_BITS(4), .NEARLY_FULL(15))
input_fifo
```

```
    (.din            ({in_ctrl, in_data}),        // 数据进入
     .wr_en          (in_wr),                     // 写使能
     .rd_en          (in_fifo_rd_en),             // 读下个字
     .dout           ({in_fifo_ctrl, in_fifo_data}),
     .full           (),
     .nearly_full    (in_fifo_nearly_full),
     .empty          (in_fifo_empty),
     .reset          (reset),
     .clk            (clk)
    );
```

最后就是一个简单的 FSM 从缓冲 FIFO 中读取 Packet,同样使用上面的计数器来计算目标流量的 Packet 速率和字节速率,代码如下:

```
case(state)
    IN_MODULE_HDRS: begin
            ...
    end
    WAIT_EOP: begin
            ...
    end
endcase
```

以上就是 traffic_mon 流量检测功能部分的实现,有些电路细节读者可以自己完成。

(2) 寄存器部分 traffic_mon_regs 的实现

下面就是寄存器部分 traffic_mon_regs,这个电路的实现采用与 rate_limiter 的设计类似,复制 rate_limiter_regs 并根据我们的需要做一下修改。

先来修改端口列表,如下所示:

```
input    ['PKT_CNT_LEN-1:0]      all_pkt_cnt,
input    ['BYTE_CNT_LEN-1:0]     all_byte_cnt,
input    ['TAG_PKT_LEN-1:0]      tag_pkt_flow,
input    ['TAG_BYTE_LEN-1:0]     tag_byte_flow,
input    [31:0]                  clk_value,

output                           enable_traffic_mon,
output   [31:0]                  ip_src_set,
output   [31:0]                  ip_dst_set,
output   [15:0]                  port_src_set,
output   [15:0]                  port_dst_set,
output   [31:0]                  pattern_lo,
```

```
output    [31:0]                pattern_hi,
output    [7:0]                 pktoff_set,
output    [2:0]                 wdoff_set,
```

这些端口与 traffic_mon 使用的寄存器对应,用户输出的参数在这里是输出,统计参数在这里是输入。

接着修改寄存器数目为 15,修改寄存器地址和标记地址位宽为 udp_defines.v 中定义的宽度,代码如下:

```
// ------------- Internal parameters --------------
 parameter NUM_REGS_USED = 15;
// ------------- Wires/reg ------------------
wire [`TRAFFIC_MON_REG_ADDR_WIDTH - 1:0]           reg_addr;
wire [`UDP_REG_ADDR_WIDTH - `TRAFFIC_MON_BLOCK_ADDR_WIDTH - `TRAFFIC_MON_REG_ADDR_WIDTH - 1:0]
tag_addr;
//External address for the module
assign reg_addr = reg_addr_in[`TRAFFIC_MON_REG_ADDR_WIDTH - 1:0];
assign tag_addr = reg_addr_in [`UDP_REG_ADDR_WIDTH - 1: `TRAFFIC_MON_REG_ADDR_WIDTH];
```

然后修改寄存器读/写电路,添加所有寄存器的复位:

```
reg_file[`TRAFFIC_MON_ENABLE]            <= 0;
reg_file[`TRAFFIC_MON_IPSRC]             <= 0;
reg_file[`TRAFFIC_MON_IPDST]             <= 0;
reg_file[`TRAFFIC_MON_PORTSRC]           <= 0;
reg_file[`TRAFFIC_MON_PORTDST]           <= 0;
reg_file[`TRAFFIC_MON_PATTER_LO]         <= 0;
reg_file[`TRAFFIC_MON_PATTERN_HI]        <= 0;
reg_file[`TRAFFIC_MON_PKTOFFSET]         <= 0;
reg_file[`TRAFFIC_MON_WDOFFSET]          <= 0;
reg_file[`TRAFFIC_MON_ALL_PKTCNT]        <= 0;
reg_file[`TRAFFIC_MON_ALL_BYTECNT]       <= 0;
reg_file[`TRAFFIC_MON_TAG_PKTCNT]        <= 0;
reg_file[`TRAFFIC_MON_TAG_BYTECNT]       <= 0;
reg_file[`TRAFFIC_MON_CLK_VALUE]         <= 0;
```

添加寄存器的读/写操作,这里的电路对寄存器读/写的实现是不同的:寄存器读直接将寄存器链接到 traffic_mon_regs 的外部接口上;寄存器写在时序电路中实现。

寄存器读的代码如下:

第6章 开发实践

```
assign enable_traffic_mon = reg_file['TRAFFIC_MON_ENABLE];
assign ip_src_set = reg_file['TRAFFIC_MON_IPSRC];
assign ip_dst_set = reg_file['TRAFFIC_MON_IPDST];
assign port_src_set = reg_file['TRAFFIC_MON_PORTSRC];
assign port_dst_set = reg_file['TRAFFIC_MON_PORTDST];
assign pattern_hi = reg_file['TRAFFIC_MON_PATTER_HI];
assign pattern_lo = reg_file['TRAFFIC_MON_PATTER_LO];
assign pktoff_set = reg_file['TRAFFIC_MON_PKTOFFSET];
assign wdoff_set = reg_file['TRAFFIC_MON_WDOFFSET];
```

寄存器写的代码如下：

```
reg_file['TRAFFIC_MON_ALL_PKTCNT]    <= all_pkt_cnt;
reg_file['TRAFFIC_MON_ALL_BYTECNT]   <= all_byte_cnt;
reg_file['TRAFFIC_MON_TAG_PKTCNT]    <= tag_pkt_cnt;
reg_file['TRAFFIC_MON_TAG_BYTECNT]   <= tag_byte_cnt;
reg_file['TRAFFIC_MON_CLK_VALUE]     <= clk_value;
```

traffic_mon_regs 模块的声明如下：

```
traffic_mon_regs  #( .UDP_REG_SRC_WIDTH(UDP_REG_SRC_WIDTH),
                     .TRAFFIC_MON_BLOCK_TAG(TRAFFIC_MON_BLOCK_TAG))

traffic_mon_regs
(// 寄存器
    .reg_req_in        (reg_req_in),
    .reg_ack_in        (reg_ack_in),
    .reg_rd_wr_L_in    (reg_rd_wr_L_in),
    .reg_addr_in       (reg_addr_in),
    .reg_data_in       (reg_data_in),
    .reg_src_in        (reg_src_in),

    .reg_req_out       (reg_req_out),
    .reg_ack_out       (reg_ack_out),
    .reg_rd_wr_L_out   (reg_rd_wr_L_out),
    .reg_addr_out      (reg_addr_out),
    .reg_data_out      (reg_data_out),
    .reg_src_out       (reg_src_out),
    // 输出
    .enable_traffic_mon (enable_traffic_mon),
    .ip_src_set        (ip_src_set),
    .ip_dst_set        (ip_dst_set),
```

```
    .port_src_set       (port_src_set),
    .port_dst_set       (port_dst_set),
    .pattern_set0       (pattern_set0),
    .pattern_set1       (pattern_set1),
    .pktoff_set         (pktoff_set),
    .wdoff_set          (wdoff_set),
    .ctrl_set           (ctrl_set),
    .patnum_set         (patnum_set),
    // 输入
    .pkt_cnt            (pkt_cnt),
    .spe_cnt            (spe_cnt),
    .pkt_flow           (pkt_flow),
    .spe_flow           (spe_flow),
    // ---Misc
    .clk                (clk),
    .reset              (reset));
```

从端口列表中可以看出 Register_data_path 总线接口信号。至此,完成了 traffic_mon 的 RTL 级描述。

下面是 ISE 集成开发环境中 traffic_mon 工程的界面,如图 6.6 所示。

图 6.6　ISE 集成开发环境中 traffic_mon 工程的界面

从图 6.6 中可以看出，traffic_mon 工程中包含了 traffic_mon_design 和 traffic_mon_regs 两个 module，在运行仿真时一定要记着添加 udp_defines、global_defines 和 NF_2.1_defines，这 3 个宏定义文件在/NF2/lib/verilog/common/src21 目录下。

6.2.3 提交放心的 module

完成 traffic_mon 的代码后，进入仿真阶段，主要工作是编写 Testbench，仿真、验证电路是否正确，功能是否符合设计要求。

作者先来介绍一下测试基准的架构，一般来讲，Testbench 包括 6 个主要部分。

初始化机制，将初始值赋予诸如触发器和存储器的状态器件。通常使用测试基准 RTL 代码或编程语言接口完成，前者用于状态元件数较少的简单设计，后者适用于大型的设计。traffic_mon 的初始化当然属于前者，这些代码被封装在 initial 语句块中，在这里的初始化非常简单，代码如下：

```
initial begin
// 初始化输入
    in_data = 0;
    in_ctrl = 0;
    in_wr = 0;
    out_rdy = 1;
end
initial begin
    reset <= 1'b0;
    @(posedge clk)
    reset = 1'b1;
    @(posedge clk) $display( $time,"ns ******reset 1 clock ******/\n");
    @(posedge clk)
    reset = 1'b0;
end
```

时钟生成与同步，时钟是为所有其他信号引用的主要同步信号。在大多数情况下，时钟波形是确定的和周期性的。因此，如果知道如何写出一个周期的 RTL 代码，那么把一个周期的代码嵌入一个循环就可产生一个完整的波形。要产生一个从时刻零开始的、占空系数为 50% 的时钟，可以使用如下代码：

```
// 时钟
define  PERIOD 10
initial begin
    clk <= 1'b1;
```

```
forever #(PERIOD/2) clk = ~clk;
end
```

激励生成,把输入向量施加到正在验证的设计上,最基本的方法就是使用 always 块显式地把激励存储器与设计的原始输入联系在一起。这种做法非常不灵活且不可移植,为改善这种情况,把代码作为一个任务封装起来。这个任务是,有一个接收向量的输入,使得无论何时需要施加激励,该任务以激励作为输入被调用。在/NF2/lib/verilog/testbench 中有Reference Router 提供的仿真 task,只要设计的 module 采用标准的接口和实现结构就可以使用这些 task。

module_sim_tasks 中包含了 module 寄存器读/写 task。

① task readReg 读取输入地址寄存器的值,主要代码如下:

```
input integer addr;
output integer value;
    begin
        @(posedge clk) begin #1 begin end end
        reg_req      = 1;
        reg_rd_wr_L  = 1;
        reg_addr     = addr;
        while(reg_ack !== 1) begin
            @(posedge clk) begin #1 begin end end
        end
        @(posedge clk) begin #1 begin end end
        value        = reg_rd_data;
        reg_req      = 0;
    end
```

② task readRegExpectMask 判断寄存器的值与写入的值是否匹配。

③ task writeReg 写入寄存器值,主要代码如下:

```
begin
        @(posedge clk) begin #1 begin end end
        reg_req      = 1;
        reg_rd_wr_L  = 0;
        reg_addr     = addr;
        reg_wr_data  = value;
        while(reg_ack !== 1) begin
            @(posedge clk) begin #1 begin end end
        end
        @(posedge clk) begin #1 begin end end
```

第6章 开发实践

```
              reg_req    = 0;
end
```

④ task inject_pkt 将 Packet 写入 module 中。

⑤ task expect_pkt 比较 module 输出的 Packet 和预期的 Packet,同时输出比较结果。

⑥ task gen_pkt 产生要插入 module 的 Packet,这个 task 相对简单,作者对其功能做了改进,添加了 IP 包头的配置。

⑦ task gen_egress_pkt 产生预期的 Packet,这块需要强调一点,预期的 Packet 是由 gen_pkt 中产生的 Packet 生成的。

响应评估,对仿真结果评估的一般原则由两个部分组成:第1部分是对仿真时设计的结点的监视;第2部分是把结点的值与预期的值相比较,常用的是将仿真输出值与预期的值比较。

要完成 traffic_mon 的功能验证,需要功能仿真和综合后仿真两步:前者是验证 RTL 级代码的功能仿真;后者可以保证电路在 FPGA 上实现后功能的正确性。

traffic_mon 仿真时的工程界面如图 6.7 所示。

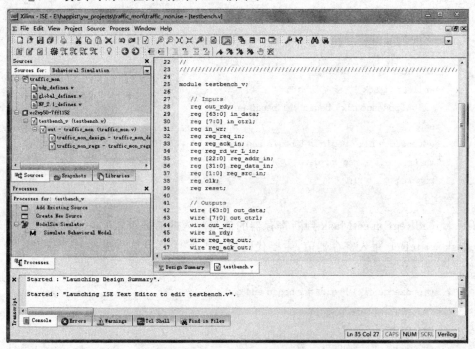

图 6.7 traffic_mon 仿真时的工程界面

一般来讲综合后仿真没有问题,module 的电路实现就没有问题了。事实上,顺利走完这一步,只要 module 的测试激励足够完备,系统调试就会一帆风顺。当然首先要保证 Reference Router 的正常工作。

6.2.4 添加新的 module

在进行系统调试前,需要在 Linux 环境下新建 traffic_mon 工程,同时要将完成仿真的 module 添加到工程中,具体的步骤如下。

(1) 新建 Project

先要在/NF2/projects/目录下创建新的工程 traffic_mon,工程目录结构如图 6.8 所示。

```
NF2                              {base directory}
    projects                     {project directory}
        <project_name>           {contributed project}
            doc                  {documentation}
            include              {lib_modules.txt}
            lib                  {perl and C headers}
            src                  {non library verilog}
            synth                {all .xco files}
            regress              {regression tests}
            verif                {simulation tests}
            sw                   {project software}
```

图 6.8 工程目录结构图

doc 文件夹中是新建工程的说明文档。

include 文件夹中是工程的 Local Macros 定义和 module 列表文件,前者是一些总线位宽、寄存器地址和寄存器位宽的定义;后者包含了 Project 中涉及的所有 module,如图 6.9 所示。

```
 1  io_queues/cpu_dma_queue
 2  io_queues/ethernet_mac
 3  input_arbiter/rr_input_arbiter
 4  nf2/generic_tcp
 5  nf2/reference_core
 6  user_data_path/generic_cntr_reg
 7  output_port_lookup/cam_router
 8  output_queues/sram_rr_output_queues
 9  sram_arbiter/sram_weighted_rr
10  user_data_path/reference_user_data_path
11  io/mdio
12  cpci_bus
13  dma
14  user_data_path/udp_reg_master
15  io_queues/add_rm_hdr
16  strip_headers/keep_length
```

图 6.9 Project 中涉及的所有 module 列表文件

第6章 开发实践

src 文件夹中是新工程在 Reference Router 基础上添加和修改的 module 源码文件。在综合实现时,会自动用该文件夹中的 module 替换 NF/lib/verilog 目录下的 module。

lib 文件夹中是工程中寄存器定义文件,有 C 和 perl 语言的描述,软件可以使用这些寄存器名而不是寄存器物理地址访问硬件寄存器。

synth 文件夹中是工程中使用的一些 IP 核文件(.xco),同时还有进行综合实现时的一些配置文件,比如引脚约束文件(.pcf)、约束文件(.ucf)等。另外综合实现和产生配置文件(.bit)的操作都在这个文件夹完成。

regress 文件夹中是 NetFPGA 硬件电路的功能测试文件,以 Reference Router 中的 test_packet_forwarding 测试为例,测试文件 packet_forwarding.pl 如图 6.10 所示。

```perl
#!/usr/bin/perl

use strict;
use NF2::TestLib;
use NF2::PacketLib;

my @interfaces = ("nf2c0", "nf2c1", "nf2c2", "nf2c3", "eth
nftest_init(\@ARGV,\@interfaces,);
nftest_start(\@interfaces);

my $routerMAC0 = "00:ca:fe:00:00:01";
my $routerMAC1 = "00:ca:fe:00:00:02";
my $routerMAC2 = "00:ca:fe:00:00:03";
my $routerMAC3 = "00:ca:fe:00:00:04";

my $routerIP0 = "192.168.0.40";
my $routerIP1 = "192.168.1.40";
my $routerIP2 = "192.168.2.40";
my $routerIP3 = "192.168.3.40";
```

图 6.10 测试文件 packet_forwarding.pl

verif 文件夹中是 VerilogHDL 工程的功能仿真测试文件,以 Reference Router 中的 test_router_nxthop 测试为例,测试文件 make_pkts.pl 如图 6.11 所示。

sw 文件夹中是工程包含的一些软件操作,以 Packet Generator 中的 packet_generator.pl 为例,用于将 PCAP 文件载入 NetFPGA,同时启动发包操作,如图 6.12 所示。

创建 traffic_mon 工程的 Linux 命令如下:

```
[#]# cd    ~/NF2/projects
[#]# mkdir  traffic_mon
[#]# cd   traffic_mon
[#]# mkdir  doc include lib src synth regress verif sw
```

其中"~"是你的 home 目录。

第 6 章　开发实践

```perl
#!/usr/local/bin/perl -w
# make_pkts.pl
#
#
#

use NF2::PacketGen;
use NF2::PacketLib;
use NF21RouterLib;

require "reg_defines.ph";

$delay = 2000;
$batch = 0;
nf_set_environment( { PORT_MODE => 'PHYSICAL', MAX_PORTS => 4

# use strict AFTER the $delay, $batch and %reg are declared
use strict;
use vars qw($delay $batch %reg);

my $ROUTER_PORT_1_MAC = '00:00:00:00:09:01';
```

图 6.11　测试文件 make_pkts.pl

```perl
###################################################################
# packet_capture gac1
#
# $Id: packet_generator.pl 4239 2008-07-03 08:05:55Z grg $
#
# Load packets from Pcap files into the Packet Generator and
# start the packet Generator
#
# Revisions:
#
###################################################################

use strict;
use warnings;
use POSIX;

use NF2::PacketGen;
use NF2::PacketLib;
use threads;              # pull in threading routines
use threads::shared;      # and variable sharing routines
```

图 6.12　packet_generator.pl 文件

记住,要将 ~/NF2/projects/reference_nic/synth 目录下的所有文件复制到 ~/NF2/projects/traffic_mon/synth 目录下,命令如下:

```
[#]# cd    ~/NF2/projects
[#]# cp  -r   tutorial_router/synth  traffic_mon/synth
```

第6章 开发实践

(2) 修改上层 module

为什么要修改上层 module?

原因很简单,要把 traffic_mon 添加到 Reference Router 中,首先需要修改 traffic_mon 的上层模块 user_data_path,操作如下所述。

将 ~/NF2/lib/verilog/user_data_path/reference_user_data_path/src/ 目录下的 user_data_path.v 文件复制到 ~/NF2/projects/traffic_mon/src 目录下,操作如下:

[#]# cd   ~/NF2/projects/traffic_mon/
[#]# cp   ~/NF2/lib/verilog/user_data_path/reference_user_data_path/src/user_data_path.v   src/

打开 user_data_path.v,如图 6.13 所示,操作如下:

[#]# cd   ~/NF2/projects/traffic_mon/src
[#]# gedit user_data_path.v

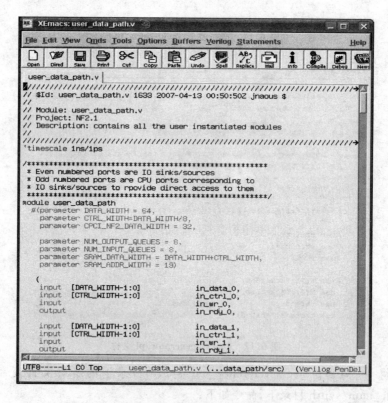

图 6.13 user_data_path.v 文件

在 user_data_path 源文件中添加 traffic_mon 链接 input_arbiter 和 output_port_lookup

的线网信号,包括 Packet 总线和 Regsister 总线两部分,代码如下:

```verilog
//------- wires/regs ------
wire [CTRL_WIDTH-1:0]            traffic_mon_in_ctrl;
wire [DATA_WIDTH-1:0]            traffic_mon_in_data;
wire                             traffic_mon_in_wr;
wire                             traffic_mon_in_rdy;
wire                             traffic_mon_in_reg_req;
wire                             traffic_mon_in_reg_ack;
wire                             traffic_mon_in_reg_rd_wr_L;
wire ['UDP_REG_ADDR_WIDTH-1:0]   traffic_mon_in_reg_addr;
wire ['CPCI_NF2_DATA_WIDTH-1:0]  traffic_mon_in_reg_data;
wire [UDP_REG_SRC_WIDTH-1:0]     traffic_mon_in_reg_src;
```

然后添加 traffic_mon 的实例化,并将相应的接口链接起来,VerilogHDL 代码如下:

```verilog
traffic_mon #(.DATA_WIDTH        (DATA_WIDTH),
              .UDP_REG_SRC_WIDTH (UDP_REG_SRC_WIDTH))
traffic_mon
    (//data_path 接口
     .out_data           (op_lut_in_data),
     .out_ctrl           (op_lut_in_ctrl),
     .out_wr             (op_lut_in_wr),
     .out_rdy            (op_lut_in_rdy),

     .in_data            (traffic_mon_in_data),
     .in_ctrl            (traffic_mon_in_ctrl),
     .in_wr              (traffic_mon_in_wr),
     .in_rdy             (traffic_mon_in_rdy),
     // 寄存器接口
     .reg_req_in         (traffic_mon_in_reg_req),
     .reg_ack_in         (traffic_mon_in_reg_ack),
     .reg_rd_wr_L_in     (traffic_mon_in_reg_rd_wr_L),
     .reg_addr_in        (traffic_mon_in_reg_addr),
     .reg_data_in        (traffic_mon_in_reg_data),
     .reg_src_in         (traffic_mon_in_reg_src),

     .reg_req_out        (op_lut_in_reg_req),
     .reg_ack_out        (op_lut_in_reg_ack),
     .reg_rd_wr_L_out    (op_lut_in_reg_rd_wr_L),
     .reg_addr_out       (op_lut_in_reg_addr),
```

```
            .reg_data_out            (op_lut_in_reg_data),
            .reg_src_out             (op_lut_in_reg_src),
            // --- Misc
            .clk                     (clk),
            .reset                   (reset));
```

这就完成了上层 module 的修改。

(3) 添加 traffic_mon

这一步要将完成功能仿真的 traffic_mon 添加到工程中,复制 traffic_mon.v 和 traffic_mon_regs.v 到 ~/NF2/projects/traffic_mon/src 目录下。

(4) 添加寄存器定义

这一步添加 traffic_mon 的寄存器定义,Reference Router 中的寄存器可以在两个地方定义:

一种是 Local Macros。如果这些寄存器只在你的 Project 中使用,可以直接在 ~/NF2/projects/traffic_mon/include 目录下添加新的 regs.v 文件,在这个文件中定义寄存器;

另一种是 Global Macros。如果这些寄存器要在整个系统中使用,那么就需要在 ~/NF2/lib/verilog/common/src21/ udp_defines 中添加寄存器的定义。

添加新的寄存器定义的原则是:新的寄存器定义必须遵循原有的宏定义格式。

traffic_mon 的寄存器主要用来统计和检测流量,同时软件需要访问这些寄存器,因此这里采用 Global Macros 的定义形式。

① 先来打开 udp_defines.v 文件,操作如下:

```
[#]# cd    ~/NF2/lib/verilog/common/src21/
[#]# gedit udp_defines.v
```

② 添加总线位宽宏定义,代码如下:

```
'define WORD_CNT_LEN      10
'define CLK_CNT_LEN       32
'define PKT_CNT_LEN       32
'define BYTE_CNT_LEN      32
```

③ 添加 traffic_mon 寄存器的 block size 和 block address 的宏定义,实际上就是给 traffic_mon 寄存器分配一个 BRAM,代码如下:

```
'define UDP_BLOCK_SIZE_64_BLOCK_ADDR_WIDTH    12       //1
'define UDP_BLOCK_SIZE_64_REG_ADDR_WIDTH      6        //2
'define UDP_BLOCK_SIZE_64_TAG    ({('UDP_REG_ADDR_WIDTH-'UDP_BLOCK_SIZE_64_BLOCK_ADDR_WIDTH
                                  -'UDP_BLOCK_SIZE_64_REG_ADDR_WIDTH){1'b0}})
```

```
'define TRAFFIC_MON_REG_ADDR_WIDTH        'UDP_BLOCK_SIZE_64_REG_ADDR_WIDTH     //3
'define TRAFFIC_MON_BLOCK_ADDR_WIDTH      'UDP_BLOCK_SIZE_64_BLOCK_ADDR_WIDTH   //4
'define TRAFFIC_MON_BLOCK_ADDR            'TRAFFIC_MON_BLOCK_ADDR_WIDTH'h11     //5
'define TRAFFIC_MON_BLOCK_TAG             ({'UDP_BLOCK_SIZE_64_TAG,'TRAFFIC_MON_BLOCK_ADDR})  //6
```

序号1定义size为64的block地址位宽为12；
序号2定义size为64的block中的寄存器位宽为6；
序号3定义block内寄存器的地址位宽为6；
序号4定义block地址位宽为12，也就是说总共可以定义4092个block；
序号5定义traffic_mon的寄存器block地址为0x011；
序号6定义traffic_mon寄存器请求标志。

④ 添加traffic_mon寄存器地址的宏定义，最多能添加64个寄存器，比如TRAFFIC_MON_ENABLE的值为6'h00，TRAFFIC_MON_IPSRC的值为6'h01，代码如下：

```
'define TRAFFIC_MON_ENABLE          'TRAFFIC_MON_REG_ADDR_WIDTH'h0
'define TRAFFIC_MON_IPSRC           'TRAFFIC_MON_REG_ADDR_WIDTH'h1
'define TRAFFIC_MON_IPDST           'TRAFFIC_MON_REG_ADDR_WIDTH'h2
'define TRAFFIC_MON_PORTSRC         'TRAFFIC_MON_REG_ADDR_WIDTH'h3
'define TRAFFIC_MON_PORTDST         'TRAFFIC_MON_REG_ADDR_WIDTH'h4
'define TRAFFIC_MON_PATTERN_HI      'TRAFFIC_MON_REG_ADDR_WIDTH'h5
'define TRAFFIC_MON_PATTERN_LO      'TRAFFIC_MON_REG_ADDR_WIDTH'h6
'define TRAFFIC_MON_PKTOFFSET       'TRAFFIC_MON_REG_ADDR_WIDTH'h7
'define TRAFFIC_MON_WDOFFSET        'TRAFFIC_MON_REG_ADDR_WIDTH'h8
'define TRAFFIC_MON_ALL_PKTCNT      'TRAFFIC_MON_REG_ADDR_WIDTH'h9
'define TRAFFIC_MON_ALL_BYTECNT     'TRAFFIC_MON_REG_ADDR_WIDTH'ha
'define TRAFFIC_MON_TAG_PKTCNT      'TRAFFIC_MON_REG_ADDR_WIDTH'hb
'define TRAFFIC_MON_TAG_BYTECNT     'TRAFFIC_MON_REG_ADDR_WIDTH'hc
'define TRAFFIC_MON_CLK_VALUE       'TRAFFIC_MON_REG_ADDR_WIDTH'hd
```

⑤ 添加显示给软件的traffic_mon寄存器地址的宏定义，这个地址实际上也是traffic_mon寄存器的地址，比如TRAFFIC_MON_ENABLE_REG的值为0x2001100，代码如下：

```
'define TRAFFIC_MON_ENABLE_REG    ('UDP_BASE_ADDRESS | {'TRAFFIC_MON_BLOCK_TAG,'TRAFFIC_MON_ENABLE})
'define TRAFFIC_MON_IPSRC_REG     ('UDP_BASE_ADDRESS | {'TRAFFIC_MON_BLOCK_TAG,'TRAFFIC_MON_IPSRC})
'define TRAFFIC_MON_IPDST_REG     ('UDP_BASE_ADDRESS | {'TRAFFIC_MON_BLOCK_TAG,'TRAFFIC_MON_IPDST})
'define TRAFFIC_MON_PORTSRC_REG   ('UDP_BASE_ADDRESS | {'TRAFFIC_MON_BLOCK_TAG,'TRAFFIC_MON_PORTSRC})
```

```
`define TRAFFIC_MON_PORTDST_REG        (`UDP_BASE_ADDRESS | {`TRAFFIC_MON_BLOCK_TAG, `TRAFFIC_
                                        MON_PORTDST})
`define TRAFFIC_MON_PATTERN_HI_REG     (`UDP_BASE_ADDRESS | {`TRAFFIC_MON_BLOCK_TAG, `TRAFFIC_
                                        MON_PATTERN_HI})
`define TRAFFIC_MON_PATTERN_LO_REG     (`UDP_BASE_ADDRESS | {`TRAFFIC_MON_BLOCK_TAG, `TRAFFIC_
                                        MON_PATTERN_LO})
`define TRAFFIC_MON_PKTOFFSET_REG      (`UDP_BASE_ADDRESS | {`TRAFFIC_MON_BLOCK_TAG, `TRAFFIC_
                                        MON_PKTOFFSET})
`define TRAFFIC_MON_WDOFFSET_REG       (`UDP_BASE_ADDRESS | {`TRAFFIC_MON_BLOCK_TAG, `TRAFFIC_
                                        MON_WDOFFSET})
`define TRAFFIC_MON_ALL_PKTCNT_REG     (`UDP_BASE_ADDRESS | {`TRAFFIC_MON_BLOCK_TAG, `TRAFFIC_
                                        MON_ALL_PKTCNT})
`define TRAFFIC_MON_ALL_BYTECNT_REG    (`UDP_BASE_ADDRESS | {`TRAFFIC_MON_BLOCK_TAG, `TRAFFIC_
                                        MON_ALL_BYTECNT})
`define TRAFFIC_MON_TAG_PKTCNT_REG     (`UDP_BASE_ADDRESS | {`TRAFFIC_MON_BLOCK_TAG, `TRAFFIC_
                                        MON_TAG_PKTCNT})
`define TRAFFIC_MON_TAG_BYTECNT_REG    (`UDP_BASE_ADDRESS | {`TRAFFIC_MON_BLOCK_TAG, `TRAFFIC_
                                        MON_TAG_BYTECNT})
`define TRAFFIC_MON_CLK_VALUE_REG      (`UDP_BASE_ADDRESS | {`TRAFFIC_MON_BLOCK_TAG, `TRAFFIC_
                                        MON_CLK_VALUE})
```

⑥ 为每个寄存器添加写文件操作,将寄存器名和地址写进 C 语言头文件 reg_defines.h 中,代码如下:

```
$ fwrite(c_reg_defines_fd,"#define TRAFFIC_MON_ENABLE_REG       0x%07x\n",
`TRAFFIC_MON_ENABLE_REG << 2);         \
$ fwrite(c_reg_defines_fd,"#define TRAFFIC_MON_IPSRC_REG        0x%07x\n\n",
`TRAFFIC_MON_IPSRC_REG << 2);          \
$ fwrite(c_reg_defines_fd,"#define TRAFFIC_MON_IPDST_REG        0x%07x\n\n",
`TRAFFIC_MON_IPDST_REG << 2);          \
$ fwrite(c_reg_defines_fd,"#define TRAFFIC_MON_PORTSRC_REG      0x%07x\n",
`TRAFFIC_MON_PORTSRC_REG << 2);        \
$ fwrite(c_reg_defines_fd,"#define TRAFFIC_MON_PORTDST_REG      0x%07x\n\n",
`TRAFFIC_MON_PORTDST_REG << 2);        \
$ fwrite(c_reg_defines_fd,"#define TRAFFIC_MON_PATTERN0_REG     0x%07x\n\n",
`TRAFFIC_MON_PATTERN0_REG << 2);       \
$ fwrite(c_reg_defines_fd,"#define TRAFFIC_MON_PATTERN1_REG     0x%07x\n",
`TRAFFIC_MON_PATTERN1_REG << 2);       \
$ fwrite(c_reg_defines_fd,"#define TRAFFIC_MON_PKTOFFSET_REG    0x%07x\n\n",
`TRAFFIC_MON_PKTOFFSET_REG << 2);      \
```

```
$ fwrite(c_reg_defines_fd,"#define TRAFFIC_MON_WDOFFSET_REG      0x%07x\n\n", 
'TRAFFIC_MON_WDOFFSET_REG << 2);      \
$ fwrite(c_reg_defines_fd,"#define TRAFFIC_MON_ALL_PKTCNT_REG    0x%07x\n", 
'TRAFFIC_MON_ALL_PKTCNT_REG << 2);    \
$ fwrite(c_reg_defines_fd,"#define TRAFFIC_MON_ALL_BYTECNT_REG   0x%07x\n\n", 
'TRAFFIC_MON_ALL_BYTECNT_REG << 2);   \
$ fwrite(c_reg_defines_fd,"#define TRAFFIC_MON_TAG_PKTCNT_REG    0x%07x\n\n", 
'TRAFFIC_MON_TAG_PKTCNT_REG << 2);    \
$ fwrite(c_reg_defines_fd,"#define TRAFFIC_MON_TAG_BYTECNT_REG   0x%07x\n\n", 
'TRAFFIC_MON_TAG_BYTECNT_REG << 2);   \
$ fwrite(c_reg_defines_fd, "#define TRAFFIC_MON_CLK_VALUE_REG    0x%07x\n\n", 
'TRAFFIC_MON_CLK_VALUE_REG << 2);     \
```

如果在添加这些文件操作时,出现编译通不过的问题,也可以直接将寄存器名和地址添加进 reg_defines.h 头文件中去,C 代码如下:

```
#define TRAFFIC_MON_ENABLE_REG        0x2001100
#define TRAFFIC_MON_IPSRC_REG         0x2001104
#define TRAFFIC_MON_IPDST_REG         0x2001108
#define TRAFFIC_MON_PORTSRC_REG       0x200110c
#define TRAFFIC_MON_PORTDST_REG       0x2001110
#define TRAFFIC_MON_PATTERN0_REG      0x2001114
#define TRAFFIC_MON_PATTERN1_REG      0x2001118
#define TRAFFIC_MON_PKTOFFSET_REG     0x200111c
#define TRAFFIC_MON_WDOFFSET_REG      0x2001120
#define TRAFFIC_MON_ALL_PKTCNT_REG    0x2001124
#define TRAFFIC_MON_ALL_BYTECNT_REG   0x2001128
#define TRAFFIC_MON_TAG_PKTCNT_REG    0x200112c
#define TRAFFIC_MON_TAG_BYTECNT_REG   0x2001130
#define TRAFFIC_MON_CLK_VALUE_REG     0x2001134
```

(5) 添加新的 IP core

在 traffic_mon 中没有添加新的 IP 核,作者还是介绍一下添加新的 IP core 的方法。

一是直接复制 .xco 文件到工程的 synth 文件夹下,这样编译环境会产生 VerilogHDL 源文件(.v)用来仿真,同时产生 .ngc 或 .edn 文件用来综合。

二是先复制 Verilog 源文件(.v)到工程的 src 文件夹下,然后复制网表文件(.ngc)到工程的 synth 文件夹下。

这样就完成了 traffic_mon 的添加,后面就可以进行系统调试了。

6.3 驱动设计方法

对于普通开发人员来说，已有的驱动程序完全可以满足开发和使用要求，因此这一节只对驱动开发所需要掌握的一些基本知识进行介绍，同时也介绍两种能提升数据传输效率的方法。申明一下这里介绍的都是在 Linux 环境下的技术。

6.3.1 驱动设计准备

在 Linux 下采取一切设备都是文件的策略，以访问文件的形式来读/写每个设备。设备驱动按照与外界接口可分为两部分内容：一部分是与操作系统的接口，包括系统引导对设备的初始化和系统内核对设备的操作钩子；另外一部分是与设备间接口，这部分与具体设备密切相关，实现与设备的交互，一般包括设备读/写、控制以及中断操作。

(1) Linux 设备驱动程序功能分类

Linux 设备驱动程序在功能上分为 3 类：字符设备驱动；块设备驱动；网络设备驱动。

字符设备驱动是最容易理解的一种驱动程序，可以满足大部分简单设备的要求，是以字节流方式访问的设备，也就是说按照顺序每次以若干个字节进行读/写访问的设备都可以视为字符设备，比如键盘、鼠标、控制终端等。可以通过特殊文件节点以访问文件的方式进行访问。

块设备与字符设备最大的不同在于存储方式的不同，它的存储特征是以大的数据块（比如512 个字节）为单位进行数据存取并且可以进行随机存取；而字符设备是以字节为单位一次存取一个或多个字节，不支持随机存取。磁盘设备与块设备几乎可以划等号，块设备上面都会有一个磁盘结构，块设备上层就是块子系统与文件系统，与字符设备不同的是块设备没有单独的读/写接口而是向块子系统提供一个响应读/写请求的接口。用户程序一般不与块设备直接打交道，而是通过在块设备上 mount 一个磁盘，再通过文件系统访问磁盘。用户程序的读/写请求通过文件系统映射到文件所在磁盘对应的块设备，然后所有的读/写请求在块子系统层被缓存和重新组织，并且根据一个设定的排序算法（电梯算法较为常用）组织成块设备能处理的读/写请求发送给驱动程序。

块设备性能直接关系到磁盘的读/写性能，因此在编写块设备驱动时重点需要考虑的是设备的连续读/写速度和 I/O 并发速度。针对不同的硬件设备可能有不同的读/写粒度也就是块大小，虽然在系统内核中已经对数据读/写进行读/写缓存，可能在驱动层也还需要根据硬件特征进一步组织数据缓存以提高性能，比如对单次写响应特别慢的设备进一步缓存延时写操作的执行。对于非机械式运动的磁盘可能还需要采用特殊的读/写请求组织方式代替块子系统默认的排序算法，比如虚拟 RAM 磁盘没有磁盘寻道过程就不需要排序读/写请求。

网络设备与前面的字符设备和块设备有很大不同，它控制网卡在网络子系统的管辖下处理网络数据包的接收与发送，也就是控制网卡类设备实现与其他节点进行网络通信。网络设备不仅处理来自内核的数据包请求还处理来自系统外部的异步数据包请求,并且它的读/写请求是以数据包为单位。为了保障网络通信的可靠性和高效性,网络设备还要实现其他一些管理功能,比如设定设备通信参数、维护流量信息、记录出错计数等。网络设备关注的重点是数据包处理速度,因为它决定了网络延时和带宽,同时还要实现部分数据完整性检查。网络设备作为一种中断频发设备,中断处理尤为重要,既要保证数据包实时性又要降低高速流量下的丢包率。

(2) Linux 设备驱动程序包含内容

一个标准的 Linux 设备驱动程序通常要包括以下几个部分的功能:驱动程序的注册和注销 probe&remove;设备打开和释放 open&release;设备读/写操作 read&write;设备控制 ioctl 操作;某些设备还需要中断处理。

在驱动程序的注册和注销中,一般要处理驱动程序的资源分配管理和初始化工作;设备打开和释放主要负责部分初始化工作和用户计数等,一般在用户计数不为零的情况下是不允许移除设备的;设备读/写顾名思义用于处理对设备的数据访问,将操作系统的读/写请求作用到设备上。设备 ioctl 操作用于改变设备的控制状态,一般传输小量的控制信息;中断处理不是每个设备都有,一般用于处理速度远不如 CPU 的慢速设备的请求响应,这样可以让慢速设备的操作异步完成,从而使 CPU 可以不用浪费时间来轮询设备状态,大大提高系统的并发能力。

前面介绍的是驱动程序与操作系统的接口,从功能上可以明显看出 Unix 的一切皆文件的思想。其实驱动程序与设备的接口也同样很重要,这些接口不像系统接口那么统一,根据设备本身功能来区分有寄存器、I/O 及内存空间的访问操作;根据硬件的实现方式来区分有 PCI 总线和 USB 总线等。

驱动程序属于系统内核的一个部分,因此应随时保持警惕,随便一个小小的错误就可能导致整个系统崩溃。在编码和调试过程中要随时注意对工作成果进行备份,在编写多进程驱动时还要特别留意进程同步问题。

驱动编写常用的内核功能主要有:
- 内存分配,最常用的是 kmalloc 函数一般可以分配多大 128 KB 的内存;
- DMA 机制,使得设备可以直接访问系统内存;
- I/O 空间申请,可以用 request_region 函数为设备申请一段 I/O 空间;
- 中断机制,慢速设备可借此来提高 CPU 利用率;
- 调试技术,可通过调用 printk 函数来打印结果,也可通过/proc 文件系统来输出调试信息;
- 当然还有进程创建与调度以及进程间同步等。

驱动模块的编写和装载,可以通过普通的文件编辑器进行编写,编写完成后可以通过 Makefile 进行编译生成目标文件(*.ko 文件),但内核模块的 Makefile 语法与普通的有些不同。装载模块可通过命令 insmod 来完成,通过 lsmod 命令可以查看系统已经装载的所有模块。

第 6 章　开发实践

在 NetFPGA 的驱动文件夹 NF2/lib/C/kernel 下已有可用的 Makefile 文件,因此修改完驱动后可以在这个目录下运行 make 命令来重新编译生成新的驱动模块 nf2.ko,如图 6.14 所示。

```
[root@localhost kernel]# make
make -C /lib/modules/2.6.9-42.ELsmp/build M=/root/NF2/lib/C/kernel LDDINC=/root/NF2/lib/C/kernel/../include modules
make[1]: Entering directory `/usr/src/kernels/2.6.9-42.EL-smp-i686'
  CC [M]  /root/NF2/lib/C/kernel/nf2main.o
/root/NF2/lib/C/kernel/nf2main.c:103: warning: 'nf2_is_control_board' defined but not used
  CC [M]  /root/NF2/lib/C/kernel/nf2_control.o
/root/NF2/lib/C/kernel/nf2_control.c:975: warning: 'nf2c_stop_all_queues' defined but not used
/root/NF2/lib/C/kernel/nf2_control.c:992: warning: 'nf2c_wake_all_queues' defined but not used
  CC [M]  /root/NF2/lib/C/kernel/nf2_user.o
  CC [M]  /root/NF2/lib/C/kernel/nf2util.o
  LD [M]  /root/NF2/lib/C/kernel/nf2.o
  Building modules, stage 2.
  MODPOST
  CC      /root/NF2/lib/C/kernel/nf2.mod.o
  LD [M]  /root/NF2/lib/C/kernel/nf2.ko
make[1]: Leaving directory `/usr/src/kernels/2.6.9-42.EL-smp-i686'
```

图 6.14　运行 make 命令重新编译

编写驱动程序最好的办法是多看例子,最好的例子就是 Linux 内部已有的驱动源代码,就在源文件的/drivers 目录下。Linux 源代码可以在 http://www.kernel.org 下载;还可以通过 http://lxr.linux.no/进行在线阅读,该站点还将所有的函数和变量以超链接的形式显示,单击任意一个变量或者函数可以找到几乎它所有的申明定义以及引用,并且还可以进行代码查找,这对于阅读如此复杂庞大的源代码提供了极大的帮助,阅读的时候要注意所选择的源码版本,不同版本间的同一设备驱动实现上可能有较大区别,该站点大概保存了所有版本的 Linux 源码。

6.3.2　提升数据传输速率的两种方法

(1) 为什么没有用零拷贝

驱动程序的实现在前面章节中进行了介绍,在本小节将介绍两种提升驱动性能的方法,但这个性能的提升本身也受到 PCI 卡的限制,尽量可以实现在不超越 PCI 传输速率的情况下不丢包。这或许对用 NetFPGA 来做数据采集的用户有一定帮助。

驱动完成的是对硬件设备的配置和数据读/写,目前的实现方案采用的是网络设备驱动,实现了寄存器读/写和 DMA 读/写。对于普通应用可改进的空间并不大也没有必要;但如果是对于有大流量数据要进行 DMA 传输的应用来说,普通网络设备的 DMA 传输方式速度上应该是比较低的。目前的 NetFPGA 板卡上配备的是 PCI 接口,最快传输速率应该可以达到 600 Mb/s,但如果按照目前的驱动方案每个网络数据包进行 1 次 DMA 传输并且还要通过网络系统的多次数据拷贝,这个速率就不容乐观了。从作者的测试结果来看,最大传输速率与包大小相关,大数据包(>1 KB)的传输速率会大一些但也很少超过 400 Mb/s,小数据包速率那就更小了。

作者认为可以将 DMA 传输部分通过内存零拷贝技术,实现应用程序对数据包的直接读取来减少内存拷贝的次数,并且配合硬件进行一定修改,将一个数据包中断一次改为多个数据包组成一个较大的数据块进行一次传输,这样可以减少中断次数从而提高传输速率。

(2) 什么是 NAPI

什么是 NAPI?

这是另一种提升数据包传输速率的机制,但它主要用于小包高频率的情况下。

如果读者满意板卡与 PC 机之间 400 Mb/s 的 DMA 吞吐率请跳过这部分。接下来要讨论的是如何将已有的 PCI 吞吐率发挥到极致,如果你的设计需要比 400 Mb/s 稍高一些的传输速率,在 NAPI 上花点工夫是值得的;但如果你要求在 Gb 级别的话,很遗憾,1 Gb/s 是 PCI 的理论极限,只有通过 PCIe 来解决。

NAPI 是 Linux 上为了提高小包处理效率的网卡实现机制,与传统网卡处理方式不同的是它采用轮询代替中断来处理到来的数据包,在计算机界轮询一度因响应效率低而臭名昭著,这里却提出用轮询来提高效率,其中缘由听作者慢慢道来。普通网卡在大量小尺寸数据包到来的时候会产生大量的中断,在操作系统里面响应中断是比较耗费时间的操作,因此小包猝发会因中断响应处理来不及导致大量的丢包。NAPI 就是针对这种情况用轮询的方式来处理数据包的到来,在一个时间片里轮询设备直到没有数据包或者时间片消耗完为止,这样可以节约响应中断的时间从而提高传输效率。但同时 NAPI 也有几个缺陷:由于采用轮询数据传输的实时性会受到影响,并且要缓存大量的数据包需要消耗大量的内存,所以对大数据包的处理性能并不理想。

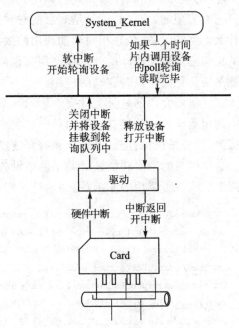

图 6.15　NAPI 处理流程图

NAPI 处理流程大体如图 6.15 所示。

在第一次有数据包接受中断时关闭中断,并将设备挂载到当前 CPU 的轮询队列中同时触发一个软中断,到 CPU 响应软中断时轮询它的设备队列,找到需要处理的接口调用其轮询 poll 函数,直到其没有数据包或者本次轮询过期(达到分配给接口的每次接收最大数据包数或者一个时间片消耗完毕)为止。轮询过期操作还要考虑到系统实时性,不能让一个接口将 CPU 时间耗尽。

具体的实现细节可以参考 Documentation/networking/NAPI_HOWTO.txt,里面详细介绍了 NAPI 的实现机制以及示例代码。

6.3.3 怎样更加轻松地使用驱动程序

1. 简化驱动程序的调用

我看这个驱动实现蛮复杂;使用它会不会也这么复杂?

确实有点,但我们可以想办法将它简单化。

怎么做?

继续看!

通过前面长篇大论的介绍,整个驱动的功能和结构以及它在系统中的地位已经比较清晰了,剩下的就是上层软件对其进行调用完成各种功能。对于上层软件来说并不用关心底层驱动是怎么实现的,它关心的只是底层能对它提供什么样的功能、有什么样的接口来调用,不管是什么类型的设备,最好相同功能调用的接口都一样。实际上 Linux 中采用所有设备都是文件的思想已经使得驱动的开发和使用都很简单,只有网络设备的应用略显复杂,这一小节的内容就是要简化网络设备驱动的应用。

在这里要介绍的就是文件夹 NF2/lib/C/common 下 nf2util.c 中的内容,它里面是应用软件中调用驱动的一些接口。下面是已经实现的一些函数接口,它们有:寄存器读、寄存器写、接口探测、设备描述符打开、设备描述符释放以及读设备版本信息。

这些函数的主要功能是屏蔽了网络设备和字符设备的不同,并且将这些接口函数导入成外部上层软件可调用的库函数,并通过它们与驱动进行交互完成对设备的控制。

```
int readReg(struct nf2device * nf2, unsigned reg, unsigned * val);      //读寄存器
int writeReg(struct nf2device * nf2, unsigned reg, unsigned val);       //写寄存器
int check_iface(struct nf2device * nf2);                                //检查接口
int openDescriptor(struct nf2device * nf2);                             //打开接口
int closeDescriptor(struct nf2device * nf2);                            //关闭接口
void read_info(struct nf2device * nf2);
void printHello (struct nf2device * nf2, int * val);
```

寄存器读/写屏蔽了网络设备驱动与字符设备驱动的不同,对读/写寄存器实现了统一的接口 readReg(struct nf2device * nf2, unsigned reg, unsigned * val)和 writeReg(struct nf2device * nf2, unsigned reg, unsigned val),查看源代码就会发现这两个函数都定义了两套实现方案,分别针对网络设备和字符设备。

接口探测 int check_iface(struct nf2device * nf2)完成的是根据给定的设备名称寻找已被系统探测到的设备。首先在网络设备中寻找有没有匹配的设备,如果有则设定设备类型为 nf2→net_iface = 1;否则在字符设备中寻找,寻找成功则 nf2→net_iface = 0 表明它是个字符设备,如果失败返回-1。

设备描述符打开 int openDescriptor(struct nf2device * nf2)是根据探测到的设备类型对设备进行打开,如果是网络设备,则按照网络设备的操作方式建立一个网络套接字与接口进行绑定;如果是字符设备直接打开,其中具体细节可参看源代码,作为进一步开发并没有必要去修改它们。

设备描述符释放是 int closeDescriptor(struct nf2device * nf2)。

版本信息读取函数为 void read_info(struct nf2device * nf2)。

这些源文件编译后就会生成相应的库文件,只需要在当前文件夹中用一条 make 命令就可以完成。我们可以打开 make 命令所运行的 Makefile 文件看看,它的内容如下:

```
#
# $Id: Makefile 3087 2007-12-08 05:07:12Z jnaous $
#
all: nf2util.o
libnf2.so: nf2util.c nf2util.h nf2.h
    gcc -fpic -c nf2util.c
    gcc -shared nf2util.o -o $@
clean:
    rm -rf nf2util.o libnf2.so
.PHONY: clean
```

关于 make 命令和 Makefile 内容可以参考 6.4.3 小节"Makefile 浅谈"。

2. 更轻松地使用驱动程序

更轻松地使用驱动程序,难道是要一步到位?

对,就是要一步到位,下面就是要介绍怎么样用一个函数调用来实现特定的功能。这样可以简化应用程序的实现,还可方便地扩充 Java 应用程序可调用的 C 函数接口。

读者可以自己先想想如何能让一个不太了解 NetFPGA 的人更方便简单地编写应用程序。

在这里要介绍的就是如何丰富文件夹 NF2/lib/C/common 下 nf2util.c 中的内容。

前面介绍了一些驱动的应用接口,比如寄存器读/写设备描述符的打开和释放,它将应用中使用驱动的一些常见功能封装起来,从而使以后使用时避免了一些重复的工作,而且将用户

第6章 开发实践

没有必要了解的实现细节隐藏了。对于基本的寄存器访问之类的操作已经很简单了,但如果看看 self_test 中的一些其他功能代码就会发现还是很复杂的,比如 DMA 的访问。在多个人一起做开发的时候,如果前面的已有阶段性成果给后面接着做的人来用的话,后来者并不一定需要知道前面的实现细节,但如果需要看懂一大段代码才能应用前人成果的话是很烦人的一件事情,特别是对于硬件开发人员,因为他只需要一个软件的接口来调用功能就行了,至于软件是怎么调用驱动来实现的最好都在一个函数下面包装起来,不要让他看到。

目前 NF2/lib/C/common/nf2util.c 文件就完成了一些功能的包装,对于在 NetFPGA 上做开发研究特别是做产品的时候,有必要在成果成熟后根据新增的功能将 util.c 进行扩充。将新功能封装起来提供一个函数形式的接口给以后或者其他用户使用,相当于在驱动上进行二次开发。这对于编写 Java 应用程序的用户很有帮助,有些要调用操作系统接口的行为在 Java 里是不能直接调用的,必须用 C 程序实现成外部库函数导入到 Java 程序里面才行。这部分工作在作者看来是比较繁琐的,但如果利用已有的 libnf2.so 库函数,这部分工作就相当简单了:只要在 nf2util.c 中添加 C 语言实现,就可以在 Java 中通过 libnf2.so 调用了,至于其中的配置生成函数库都有脚本语言来代劳。

下面以一个数据包捕获的应用为例子介绍驱动的应用和二次开发。在某些应用中需要对数据包进行捕获,比如流量检测和攻击分析中都可能用到,这就是要介绍这个例子的背景。

在硬件里完成对所有通过 data path 的数据包进行相应处理,然后将感兴趣的数据包通过 DMA 传输上来,上层软件读取这些数据包信息并进行相应的处理。软件获取数据包的过程是一个三部曲:首先打开接口并进行配置,然后读取到来的数据包,最后释放接口。每次进行数据传输都是同样的步骤,因此完全可以将这 3 个步骤浓缩成 3 个函数实现在 NF2/lib/C/common/nf2util.c 中。这 3 个函数实现如下:

- 接口打开 int openPhdrcap(struct nf2device * nf2, int port);
- 捕获数据包 int pkthdr_cap(int s, char * readBuf);
- 接口释放 void closePhdrcap(struct nf2device * nf2, int s);

① 接口打开代码如下:

```
int openPhdrcap(struct nf2device * nf2, int port)
{
  struct ifreq ifr;
  struct sockaddr_ll saddr;
  int s;
  writeReg(nf2, PACKET_CAP_PKT_NUM_REG, 25);
  writeReg(nf2, PACKET_CAP_WORD_NUM_REG, 7);
  writeReg(nf2, PACKET_CAP_ENABLE_REG, 1);
  //启动 packet_cap 模块
  s = socket(PF_PACKET, SOCK_RAW, htons(ETH_P_ALL));
```

```c
int maxS = s;
char nfIfcName[20];
bzero(nfIfcName, 20);
sprintf(nfIfcName, "nf2c%d", port);

//找到 nf2c"port" 地址
strncpy(ifr.ifr_ifrn.ifrn_name, nfIfcName, IFNAMSIZ);

if (ioctl(s, SIOCGIFINDEX, &(ifr)) < 0) {
  printf("ERROR ioctl SIOCGIFINDEX at intfc=%d", port);
}

saddr.sll_family = AF_PACKET;
saddr.sll_protocol = htons(ETH_P_ALL);
saddr.sll_ifindex = ifr.ifr_ifru.ifru_ivalue;

if (bind(s, (struct sockaddr *)(&(saddr)), sizeof(saddr)) < 0) {
    printf("ERROR bind error at intfc=%d", port);
}

// j是"write, read, compare"计数器
long j;
fd_set read_set, write_set;
FD_ZERO(&read_set);
FD_ZERO(&write_set);
FD_SET(s, &read_set);
FD_SET(s, &write_set);
if (select(maxS+1, &read_set, &write_set, NULL, NULL) < 0) {
   printf("select at intfc=%d", port);
   return 0;
}
return s;
}
```

上面打开设备的函数输入参数为 nf2 设备结构和接口号 port, 代表 NetFPGA 上的 4 个网络接口, 返回一个对应于接口的套接字号。实现过程是: 调用 writeReg 对硬件板卡进行相应配置, 进行相关初始化和设置生成一个与接口对应的套接留给后面的读/写操作使用。网络操作这部分代码来源于 selftest 里面的 dmatest 部分, 它基本上将 DMA 操作的细节封装起来了。

② 获取数据包代码如下：

```c
int pkthdr_cap(int s,char * readBuf)
{
    int read_bytes;
    while(1){
    read_bytes = read(s, readBuf, DMA_READ_BUF_SIZE);
    if (read_bytes > 0)
        break;
    }
    return read_bytes;
}
```

读取数据包输入参数为打开设备返回的套接字号和一个存储数据的 buffer，返回为本次读取的字节数，其中的 while 循环保证了一定能读取到数据，因此这种方式是阻塞的。

③ 释放接口代码如下：

```c
void closePhdrcap(struct nf2device * nf2,int s){
    writeReg(nf2, PACKET_CAP_ENABLE_REG,0);
    shutdown(s, SHUT_RDWR);
    close(s);
}
```

释放接口的内容比较简单，通过写一个寄存器停止硬件向上层发送数据包，然后释放套接字。应用程序实现数据包的捕获只需要调用上面的 3 个函数即可，当然必须包含头文件 #include "../../lib/C/common/nf2util.h" 才能调用成功。

接口都定义好了，那怎么来使用呢？

下面就是读取一个数据包的简单示例，用于从 NetFPGA 的第 3 个端口读取一个数据包，将读取的内容写入一段字符缓存 readBuf 中，同时返回读取的字节数 read_bytes。

```c
int main(int argc, char * argv[])
{
    nf2.device_name = DEFAULT_IFACE;
//打开 NetFPGA 设备
    if (check_iface(&nf2))
    {
      exit(1);
    }
    if (openDescriptor(&nf2))
    {
```

```
    exit(1);
}
//打开包捕获功能
    int socket = openPhdrcap(&nf2,3);
    char readBuf[DMA_READ_BUF_SIZE];
    bzero(readBuf, DMA_READ_BUF_SIZE);
//捕获一个数据包
    int read_bytes = pkthdr_cap(socket,readBuf);
//关闭包捕获功能
    closePhdrcap(&nf2,socket);
    return 1;
//释放设备
    closeDescriptor(&nf2);
    return 0;
}
```

通过对驱动功能进行封装,访问 DMA 获取数据包的操作就浓缩成上面的短短几行了,硬件设计人员和用户进行软件编写的时候就大大简化了软件开发过程。通过上面的一些函数接口基本上提供了一个数据包捕获采集卡的功能,用户可以方便地调用这些函数进行操作,从而避免了对驱动细节上的了解,而且还不容易出错。实际应用时在这个基础上还可以进一步完善并编写一些辅助性函数,形成一个类似于 libpcap 的函数集。

在 Java 应用程序中也可以通过调用其生成的外部库函数来实现一些与系统调用相关的操作。

总结一下驱动的二次开发过程就是:
① 在 lib/C/common/下的 until.c 和 until.h 中添加了需要封装的函数定义。
② 在 lib/C/common/文件夹下运行 make 命令。
③ 将新生成的 libnf2.so 复制到 Java 的库函数目录 NF2/lib/java/gui/lib 下。
④ 编写应用程序尝试新功能。

6.4 应用程序设计方法

6.4.1 功能验证利器 C 语言程序

1. C 语言应用程序结构

NetFPGA 是一个很适用于网络研发和验证硬件设计的开发平台,作为验证功能的应用程序是必不可少的。C 语言以其简捷高效著称,因此短小精悍的 C 语言程序是本系统验证功能应用程序的首选。

通过前面的介绍,读者对于编写 C 语言应用程序应该有所了解,这里进行归纳。

整个应用程序设计流程简单描述如图 6.16 所示,分为 4 部分。

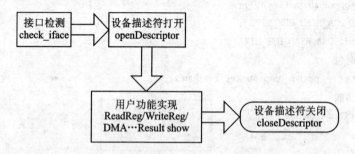

图 6.16　应用程序设计流程图

① 开始:根据设备名称(nf2c0)检测,确定设备存在并探测其类型。

② 设备描述符:根据检测到的设备打开一个描述符与之关联,后面就通过这个设备描述符来控制设备。

③ 用户处理:根据要实现的功能编写自己的用户代码,这部分根据不同应用有不同的实现,主要工作是对硬件进行配置并读取其中的信息,根据返回的结果得知硬件的工作状态,或者进行数据包的传输。

④ 结束:释放打开的描述符,结束操作。

程序示例如下:

```c
#include <stdio.h>
#include <stdlib.h>
#include <unistd.h>
#include <net/if.h>
#include "nf2.h"
#include "../../../lib/C/common/nf2util.h"
#include "../../../lib/C/common/reg_defines.h"

#define DEFAULT_IFACE   "nf2c0"

int main(int argc, char * argv[])
{
    //要访问的设备名
    nf2.device_name = DEFAULT_IFACE;
    //命令行参数处理
    processArgs(argc, argv);
```

```
//当接口可用时打开接口
if (check_iface(&nf2))
        exit(1);
if (openDescriptor(&nf2))
        exit(1);

//用户的功能函数
your_utility_fuction();
//释放接口
closeDescriptor(&nf2);
return 0;
}
```

头文件中 reg_defines.h 定义了 NetFPGA 中所有的寄存器地址，它是由目录 NF2/lib/verilog/common/src21 下的硬件语言定义自动生成的。在用户自己添加寄存器的时候，也可以根据 NF2/lib/verilog/common/src21/udp_defines.v 中的定义手动添加。

nf2.h 和 nf2util.h 中是要用到的宏定义和功能函数。

check_iface()在设备文件中查找设备，以确定板卡是在网络设备中还是字符设备中或者不存在；openDescriptor()打开一个与设备关联的设备描述符，后面将利用这个设备描述符来对设备进行操作。

读者如果还记得 6.3.3 小节内容的话就能想起来我们还能用更精简的方法来实现应用程序，基本上只需要 3 个步骤就可以实现一个特定的功能。

因此如果是做系统验证的话最好以递增式开发模式进行逐步验证，确定新增加功能的正确性和健壮性都没有问题并且会被频繁使用的话，完全有必要将其封装起来添加到 nfutil.c 中去。反复开发和验证是一个很繁琐的过程，所以 C 语言程序在开发过程中是一个进行功能验证的利器。

至于如何将编写的应用程序源代码编译成可执行文件，可以参考 6.4.3 小节。

2. 如何通过 C 访问 NetFPGA 寄存器

这部分内容的任务是向读者讲述如何对 NetFPGA 的寄存器进行读/写。

首先需要读/写寄存器的名称或者地址。寄存器名称宏和对应的物理地址在文件 reg_defines.h 中，由硬件代码根据定义自动生成。

下面是读/写寄存器的一个实例。在前一节的基础上多了两个函数调用 writeReg 和 readReg，正如其名称是寄存器读和写。

寄存器读/写代码如下：

```
#include <stdio.h>
#include <stdlib.h>
```

```c
#include <net/if.h>
#include "nf2.h"
#include "../../../lib/C/common/nf2util.h"
#include "../../../lib/C/common/reg_defines.h"

static struct nf2device nf2;
#define DEFAULT_IFACE    "nf2c0"

int main(int argc, char *argv[])
{
  unsigned addr;
  unsigned rvalue;
  unsigned wvalue;
  //设置设备名
  nf2.device_name = DEFAULT_IFACE;
  //当接口可用时打开接口
  if (check_iface(&nf2))
    exit(1);
  if (openDescriptor(&nf2))
    exit(1);
//读/写寄存器
// RX_QUEUE_0_NUM_PKTS_STORED_REG 为第 1 个接收队列存储的数据包计数
  printf("input write reg data:");
  scanf("%u", &wvalue);
  writeReg(&nf2, RX_QUEUE_0_NUM_PKTS_STORED_REG , wvalue);
  readReg(&nf2, RX_QUEUE_0_NUM_PKTS_STORED_REG , &rvalue);
  if(wvalue! = rvalue)
      printf("write ! = read  : %u there must be some error! \n",rvalue);
  else
      printf("access reg success! \n");
  closeDescriptor(&nf2);
  return 0;
}
```

运行结果为:

```
Found net device: nf2c0
input write reg data:1985
access reg success!
[root@localhost sw]# 
```

这个程序实现了将 1985 写入一个寄存器,然后马上将它读出来。如果这个时候没有数据包接收,取的结果也应该是 1985 才对。如果出现"Can't find device: nf2c0",那就请检查设备名称是否更改过以及驱动程序是否成功安装,Linux 下运行 lsmod 命令可以看到一个 nf2 的模块;如果没有则可以到目录 NF2/lib/C/kernel 下运行 insmod nf2.ko 来重新安装驱动程序。如果出现"write !=read: 3735928559 there must be some error!",则考虑读/写的寄存器是否在硬件中已有定义。

3. 如何通过 C 对 NetFPGA 进行帧发送与接收

数据包的传输分为帧的发送和接收,对于硬件和驱动来说都是通过 PCI 接口以 DMA 的方式进行数据的收发。在应用程序的实现上可以有两种方式:一种是利用 Linux 下网络工具包 Libpcap 和 Libnet 分别进行数据包的捕获和发送;另一种是直接对网络接口进行数据包操作。

Libpcap 是 Linux 下的网络数据包捕获函数包,可以对网络进行监听,但不能对数据包进行拦截。它是在操作系统内核的数据链路层添加旁路实现的,并不影响网络栈的工作,也就是说可以用它来监听 NetFPGA 的网络接口来实现数据包的接收,Libnet 是 Linux 下用于数据包构造和发送的函数包软件,可以用它来通过 NetFPGA 的网络接口发送数据包。在 Windows 下可以用 Winpcap 实现数据包的发送和接收。具体例子大家可以参考网上的源代码,流程比较简单,只要把 NetFPGA 当作一块普通的网络接口来操作就行了。

直接通过访问 NetFPGA 网络接口来实现数据包捕获与发送,也与操作普通网络接口一样。下面就是一个通过套接字来直接访问 NetFPGA 第 3 个网络接口进行数据包发送和接收的实例。

```c
#include <linux/if_ether.h>
#include <linux/if_packet.h>
#include <net/if.h>
#include <sys/select.h>
#include <sys/socket.h>
#include <unistd.h>
#include <stdio.h>
#include <curses.h>
#include <linux/sockios.h>

#define DEFAULT_IFACE    "nf2c0"
#define DMA_PKT_LEN 1514
#define DMA_READ_BUF_SIZE (DMA_PKT_LEN + 1)
#define DMA_WRITE_BUF_SIZE (DMA_PKT_LEN + 1)

int read_bytes = 0;
```

```c
    int mysocket;
    //端口号,3 对应 NetFPGA 上的第 4 个网口
    int port = 3;

    int main(int argc, char * argv[])
    {
      struct ifreq ifr;
      struct sockaddr_ll saddr;
      //用于发送和接收数据包的套接字
      mysocket = socket(PF_PACKET, SOCK_RAW, htons(ETH_P_ALL));
      //网络接口名称
      char nfIfcName[20];
      bzero(nfIfcName, 20);
      sprintf(nfIfcName, "nf2c%d", port);
      strncpy(ifr.ifr_ifrn.ifrn_name, nfIfcName, IFNAMSIZ);

      if (ioctl(mysocket, SIOCGIFINDEX, &(ifr)) < 0) {
        printf("ERROR ioctl SIOCGIFINDEX at intfc = %d", port);
      }

      saddr.sll_family = AF_PACKET;
      saddr.sll_protocol = htons(ETH_P_ALL);
      saddr.sll_ifindex = ifr.ifr_ifru.ifru_ivalue;

      if (bind(mysocket, (struct sockaddr * )(&(saddr)), sizeof(saddr)) < 0) {
        printf("ERROR bind error at intfc = %d", port);
      }

      fd_set read_set, write_set;
      FD_ZERO(&read_set);
      FD_ZERO(&write_set);
      FD_SET(mysocket, &read_set);
      FD_SET(mysocket, &write_set);

      //将要发送的数据包,用户可以自己设定内容
      char packet[DMA_WRITE_BUF_SIZE];
      bzero(packet, DMA_WRITE_BUF_SIZE);
      int written_bytes = 0;
```

```c
//发送数据包
if (FD_ISSET(mysocket, &write_set)) {
    written_bytes = write(mysocket, packet, DMA_PKT_LEN);

    if (written_bytes < 0) {
        printf("at nf2c %d, write error\n", port);
    }

    if (written_bytes != DMA_PKT_LEN) {
        printf("at nf2c %d, request to write %d bytes, but written_bytes %d bytes\n",
            port, DMA_PKT_LEN, written_bytes);
    }
    else
        printf("write dma success! \n");
}

//接收数据包
int i, k;
char readBuf[DMA_READ_BUF_SIZE];
bzero(readBuf, DMA_READ_BUF_SIZE);
read_bytes = read(mysocket, readBuf, DMA_READ_BUF_SIZE);
if (read_bytes < 0)
{
    printf("read error \n");
    return 0;
}
printf("\nreceived packet :");
for (k = 0; k < read_bytes; k ++)
{
    if(k % 8 == 0)  printf("\n");
    printf(" %02x ", (unsigned char) readBuf[k]);
}
shutdown(mysocket, SHUT_RDWR);
close(mysocket);
return 1;
}
```

运行结果:

```
write dma success!

received packet :
ff ff ff ff ff ff 00 00
00 00 10 04 08 00 45 00
00 34 00 00 40 00 40 59
8c c2 c0 a8 0d 01 e0 00
00 05 02 01 00 20 c0 a8
17 02 00 00 00 00 27 2e
00 00 00 00 00 00 00 00
00 00 ff ff ff 00 00 05
00 00
```

上面的运行结果输出的内容就是我们接收到的数据包内容,大小为 66 个字节,这个时候实际上编写的硬件并没有通过 DMA 传送数据,而是系统自动发送的,有兴趣的朋友可以将这段代码找到。如果用户每次都只能接收到上面显示的数据包,说明你的硬件可能并没有工作。如果出现下面的错误:

```
ERROR ioctl SIOCGIFINDEX at intfc = 3
ERROR bind error at intfc = 3at nf2c3,
write error   at nf2c3, request to write 1514 bytes, but written_bytes - 1 bytes
```

则有必要检查驱动是否正常启动了。可以用 lsmod 命令来查看是否有 nf2 模块。

上面的代码完成的是一次 DMA 读/写操作,fd_set 类型的两个变量 read_set 和 write_set 分别用于检查当前套接字的可读/写情况,用 fd_set 将当前套接字句柄分配给它。用 fd_isset 来判断端口是否处于可以写的状态,如果是就调用 write 将数据包写入,返回的是成功写入的字节数。

上面的 DMA 读操作也就是读取第 3 个网络接口中的数据,返回值是读取的字节数。相信读者通过上面的简单示例,对如何编写 C 语言的数据包传输应用程序已经了解了。上面的代码是目录 NF2/projects/selftest/sw 下的 selftest_dma.c 文件一个简化版本。

6.4.2　Java 编写 GUI 让你的演示更 nice

关于 Java 程序设计作者也不在行,本小节打算介绍一下如何最简单地在已有的 Java 界面基础上添加自己的新功能。如果是进行新系统的搭建,可以参考已有的 Java 应用软件搭建一个全新的用户界面程序,已有的底层功能接口类没必要自己编写,上层根据需要组建。下面根据我们已经做的 Traffic Monitor 项目来介绍一下如何在已有的基础上添加功能模块,在这里并不改变已有的软件结构,只是添加一个新的界面来完成控制和显示。如图 6.17 所示,在已有的 Router 项目中添加了一个 Traffic Monitor pane,用于对流量进行检测,并且可以对 IP 地址、端口号等进行过滤。

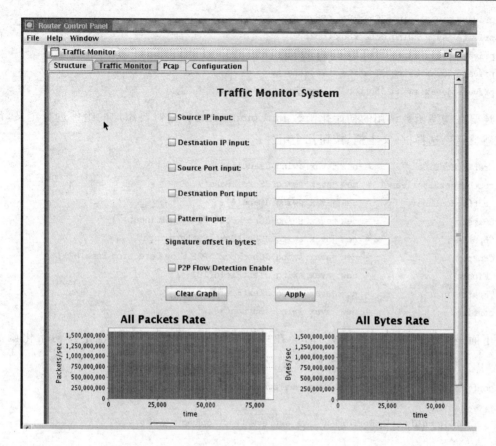

图 6.17 Traffic Monitor 界面

这部分功能在硬件里面由 user_data_path 中新增的模块来实现,其中设置了寄存器用于存储输入的过滤字段值以及检测后的流量值,在设备启动后我们只需将过滤字段写入对应寄存器,然后不停地读取检测结果值并将其显示出来即可。硬件逻辑的具体实现读者可以考虑一下。

在这里要做的只是添加我们需要的若干可视化组件,并对其中的控制组件的事件响应函数进行定义则可达到目的。在这个例子中我们需要输入 IP 地址端口号以及内容过滤字段,并对检测到的总的流量和匹配流量进行实时显示就行了。所要做的工作都在文件 AbstractRouterQuickstartFrame.java 里添加完成。首先添加我们需要的组件的变量申明,位于文件末尾,如下:

```
private javax.swing.JPanel    trafficMonPane;
private javax.swing.JLabel trafficMonLabel;
private javax.swing.JCheckBox CBipsrc;
```

第 6 章 开发实践

```
private javax.swing.JCheckBox CBpattern;
private javax.swing.JCheckBox CBp2p;
private javax.swing.JTextField TFipsrc;
private javax.swing.JTextField TFpattern;
private javax.swing.JButton    confirm;
```

还要在构造函数调用的初始化函数 initComponents() 里对要添加的组件进行定义,创建了容器、标签、选择框、文本框、按钮几个组件。

```
trafficMonPane        = new javax.swing.JPanel();
routertestScrollPane  = new javax.swing.JScrollPane();
trafficMonLabel       = new javax.swing.JLabel();
CBipsrc               = new javax.swing.JCheckBox("Source IP input:");
CBpattern             = new javax.swing.JCheckBox("Pattern input:");
CBp2p                 = new javax.swing.JCheckBox("P2P Flow Detection Enable");
TFipsrc               = new javax.swing.JTextField(10);
TFpattern             = new javax.swing.JTextField(10);
confirm               = new javax.swing.JButton();
```

下面是对用户界面事件的处理,会在单击 confirm 按钮时调用;也是在初始化函数里定义。

```
confirm.addActionListener(new java.awt.event.ActionListener()
{
    public void actionPerformed(java.awt.event.ActionEvent evt)
    {
        confirmActionPerformed(evt);
    }
});
```

下面是在事件响应函数里面实现的对硬件的控制,进行必要的寄存器访问。

```
private void confirmActionPerformed(java.awt.event.ActionEvent evt)
{
    int ips;
    String Sips;

    nf2.writeReg(NFDeviceConsts.TRAFFIC_MON_ENABLE_REG,0x1);

    Sips     = TFipsrc.getText();
    if(Sips.length()>0)              //源端口设置
    {
```

```
            ips = (int)ipToLong(Sips);
            nf2.writeReg(NFDeviceConsts.TRAFFIC_MON_IPSRC_REG,ips);
        }
    }
```

后面是添加组件的布局管理,定义了存放组件的容器和各组件在容器中的排列位置。

```
//traffic_Mon 接口——LEADING(LEFT ASSIGN)——BASELINE(BOTTOM ASSIGN)——CENTER(CENTER AS-
SIGN)
org.jdesktop.layout.GroupLayout trafficMonPaneLayout = new org.jdesktop.layout.GroupLayout
(trafficMonPane);
trafficMonPane.setLayout(trafficMonPaneLayout);
trafficMonPaneLayout.setHorizontalGroup(
trafficMonPaneLayout.createParallelGroup(org.jdesktop.layout.GroupLayout.CENTER)
        .add(800,800,800)
        .add(trafficMonLabel)
        .add(trafficMonPaneLayout.createSequentialGroup()
.add(trafficMonPaneLayout.createParallelGroup(org.jdesktop.layout.GroupLayout.LEADING)
.add(TFipsrc,200,200,200).add(TFpattern,200,200,200).add(confirm)
            )
        );

    trafficMonPaneLayout.setVerticalGroup(
        trafficMonPaneLayout.createSequentialGroup()
        .add(20,20,20)
        .add(trafficMonLabel)
        .add(20,20,20)
.add(trafficMonPaneLayout.createParallelGroup(org.jdesktop.layout.GroupLayout.TRAILING)
        .add(CBipsrc)
        .add(TFipsrc,20,20,20))
        .add(20,20,20)

.add(trafficMonPaneLayout.createParallelGroup(org.jdesktop.layout.GroupLayout.LEADING)
        .add(clearStatsButton).add(confirm)).add(20,20,20)
        );
```

至此一个简单的新面板就可以工作了,里面包含按钮、输入文本框、选择控件等,通过它能进行一点最基本的交互。上面的代码为了简单起见只列出了 GUI 上的部分组件,其他组件的添加也类似,至于实时流量条形图的实现可以参考 pktsSentChart0Layout 等的实现方法。

第 6 章 开发实践

6.4.3 Makefile 浅谈

前面好几处都提到了 make 命令和 Makefile 文件,熟悉了 Windows 下集成开发环境编程的人员对这两个应该都很陌生。众所周知,源文件要通过编译产生目标文件,然后再链接成为可执行文件才能在计算机上运行,对于用惯了集成编程环境的人来说并不一定熟悉这个过程的实现,因为集成开发环境都替用户完成了这个工作。但在 Linux 下编程的话经常要自己通过命令来进行编译和链接,对于编写一段小程序来说,自己运行 gcc 或者 javac 进行编译并不难;但对于一个大型的工程来说,有不计其数的源文件保存在不计其数的文件夹里,并且它们之间还有复杂的依赖关系,如果每次重新编译都要手工来敲一大堆命令是令人抓狂的! 还好有 Makefile 文件将这些编译规则都包括了,通过 make 命令来运行,相当于将命令编撰成为一个文件来编译运行。一个简单的 Makefile 可描述如下:

```
# some comments
target : component1   component2   …
    rule
…
```

Makefile 描述的是一个依赖关系和编译规则。第 1 行代表注释以字符 # 开头;第 2 行代表了目标的依赖关系,也就是目标所依赖的各个文件;第 3 行代表文件的编译规则,需要注意的是规则必须以[Tab]字符开始。

在 Makefile 里面还可以定义变量,可以将一些命令或者替代字符串定义成变量,还有一些隐性的规则定义了如何进行更新;并且一个 Makefile 文件还能读取另外的 Makefile 文件。有了 Makefile 文件就可以通过运行一条 make 命令来完成整个工程的编译。下面通过 nf2 中一个典型的 Makefile 例子进行一点初步的介绍,希望能对大家有点帮助。

```
1: #
2: # $ Id: Makefile 2957 2007-11-17 00:42:42Z g9coving $
3: #
4: CFLAGS = -g
5: CC = gcc

6: # Location of binary files
7: BINDIR ?= /usr/local/bin
8: # Location of common files
9: COMMON = /root/NF2/lib/C/common
10: LIBNET = /usr/lib/libnet.a

11: all : common write
```

```
12:#'libnet-config-defines-cflags' 'libnet-config--libs'

13:write: write.o /root/NF2/lib/C/common/nf2util.o -lnet
14:common:
15:    $(MAKE) -C $(COMMON)

16:clean:
17:    rm -rf write *.o

18:install: write
19:    install regread $(BINDIR)
20:    install regwrite $(BINDIR)
21:.PHONY: all clean install
```

前3行是注释，在Makefile文件里"#"符后面是注释，相当于C语言中的"//"。

第11行以前的都是变量定义，CFLAGS定义的是一个环境变量；CC定义的是Linux下C语言的编译命令gcc；BINDIR定义的是二进制文件目录；"?="这个运算符代表的是如果BINDIR没有被定义的话进行下面的定义，否则保持不变，有点类似于条件编译的感觉；COMMON代表的是前面常提到的一个C语言库文件夹；LIBNET是一个用于发送数据包的函数包，后面这些带冒号的参数都是要编译的目标。

"all"是代表所有编译目标的伪目标，一般被放在第1个；

"write"是由目标文件write.o和nf2util.o链接而来，源文件就是write.c；

"common"与其他的又有区别了，它是调用make命令运行COMMON变量所代表的文件夹中的Makefile文件编译成的目标，其中"$()"相当于提取括号中变量的值进行替换。

"clean"这个伪目标的功能是删除所有被make创建的文件，一般在重新编译之前需要运行它。

"install"这个伪目标功能是运行已编译好的程序，如果在Linux下用源代码安装过软件的用户应该很熟悉。

".PHONY all clean install"表示后面的all clean install都是伪目标，并不是实际可以生成的目标文件。

这里面的目标和伪目标都可以通过"make+目标"来单独执行，比如在终端输入make clean后产生的效果相当于运行了"rm -rf write *.o"命令，make命令实际上可以看成是make all的简写。

在新建项目的时候，如果需要添加C语言的应用程序，可以仿照已有的Makefile格式进行添加，这样的话每次可以通过一个make命令来重新编译。

如果需要更详细的资料可以在Linux下运行命令man或者info来获取。

6.5 系统调试

对于 traffic_mon 来说,系统调试的关键是验证 FPGA 内部电路实现的正确性。通常会采用外部逻辑分析仪来完成电路内部信号分析,但是传统的逻辑分析方法在观察电路内部信号时,需要先把要观测的信号引出到 FPGA 引脚上,如图 6.18 所示。

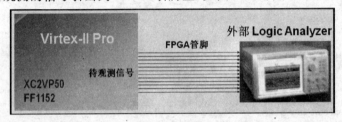

图 6.18 系统调试简图

这样会带来很多问题,例如 FPGA 需要有多余的引脚供测试用,需要专门的探头来连接外部逻辑分析仪,每次观测信号的改变都需要重新综合和布局布线。

Xilinx 在线片内信号分析工具 ChipScope Pro 可以很好地解决这些问题,它的基本原理是预先在设计中加入专用的 IP 核,这些 IP 核会和用户逻辑一起在 FPGA 中实现,在系统调试时,用户启动 ChipScope Pro 设置触发条件,同时将要观测的信号值实时地保存到 BRAM 中,然后通过 JTAG 传送到 PC 上,这时就可以在 ChipScope Analyzer 中观察信号波形了。

一般来说,ChipScope Pro 工作时需要两种专用的 IP 核:一种是控制核(ICON, Integrated Controller Core),用于目标芯片 JTAG 链和逻辑分析核间的通信,每个 ICON 可以链接多个逻辑分析核;另一种是用于设置触发条件和捕获信号的逻辑分析核,比如(ILA, Integrated Controller Core)、ATC2(Agilent Trace Core II)、IBA/PLB(Integrated Bus Analyzer for PLB)及 VIO(Virtual I/O Core)等。以 ILA 为例的 ChipScope 工作系统如图 6.19 所示。

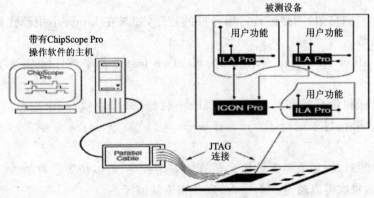

图 6.19 ChipScope 工作系统图

使用 ChipScope Pro 调试 traffic_mon 电路时，首先需要用 ChipScope Pro Core Generator 生成 ICON 核，启动 ChipScope Pro Core Generator 的用户界面如图 6.20 所示。

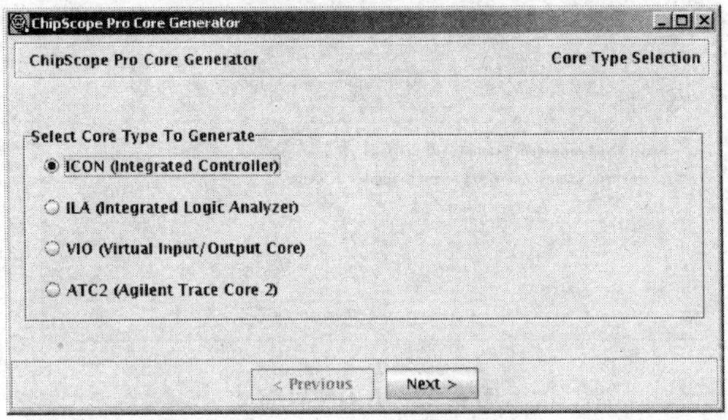

图 6.20　启动 ChipScope Pro Core Generator 的用户界面

在 Select Core Type to Generate 选项下选择 ICON，单击 Next，出现如图 6.21 所示界面。

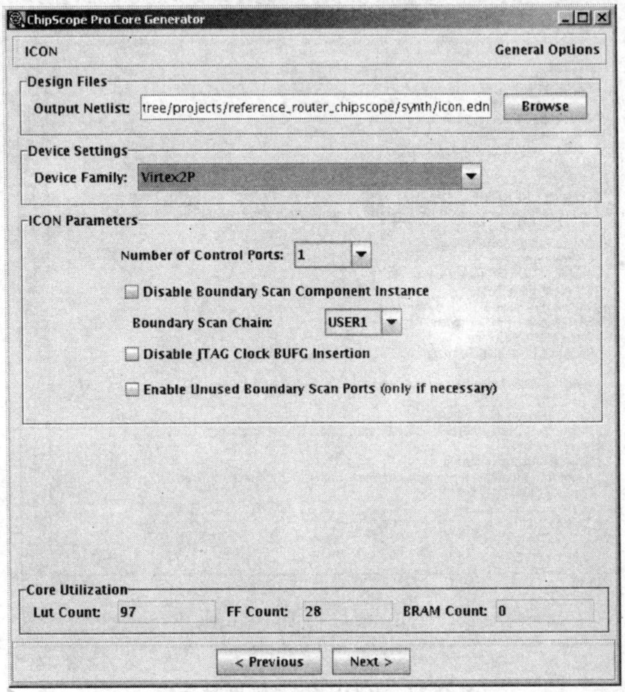

图 6.21　ICON 界面 1

设置 Output Netlist 为目标设计的工程目录，设置芯片为 Virtex2P，选择控制端口数目为 1，单击 Next，出现如图 6.22 所示界面。

第6章 开发实践

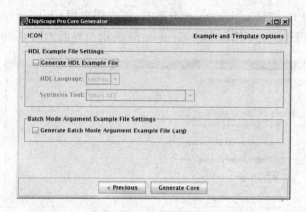

图 6.22 ICON 界面 2

选择产生 VerilogHDL 例子文件,单击 Generate Core 进入 ICON Core 信息对话框,如图 6.23 所示。

图 6.23 ICON Core 信息对话框

选择 Start Over 完成 ICON Core 的添加。ILA Core 的添加步骤与 ICON Core 类似,只是需要设置触发宽度和数据深度,这时在用户 module 中会有如下代码:

```
// ICON Core 实例化
icon i_icon (.control0 (control0));
//ILA 实例化
ila i_ila (.control(control0), .clk(clk), .trig0(trig0));

// ICON 模块声明
module icon (control0);
output [35:0] control0;
endmodule              // ICON
// ILA 模块
module ila (control, clk, trig0);
input [35:0] control;
input clk;
input [239:0] trig0;
endmodule              // ILA


// ICON wire 声明
wire [35:0]    control0;
// ILA Core wire 声明
wire [239:0]   trig0;
// ILA 触发
assign     trig0 = {in_data, in_wr, enable_traffic_mon,ip_src_set,ip_dst_set,port_src_set,
                    port_dst_set,pattern_lo,pattern_hi,pktoff_set,wdoff_set,};
```

完成 ChipScope Pro Core 的生成后,需要生成 FPGA 配置文件(.bit),操作如下:

```
[#]#   cd   ~/NF2/projects/traffic_mon/synth
[#]#   make clean
[#]#   make
```

make clean 命令删除上次编译生成的相关文件,make 命令开始 Synthesis、implement 及 P&R,最终编译成功显示如下:

```
Timing summary:
---------------
Timing errors: 0   Score: 0
Constraints cover 1 244 094 paths, 12 nets, and 125 635 connections
Design statistics:
   Minimum period:    8.473 ns (Maximum frequency: 118.022 MHz)
   Maximum path delay from/to any node:   3.014 ns
   Maximum net delay:    5.129 ns
```

第 6 章 开发实践

```
    Minimum input required time before clock:    2.865 ns
    Minimum output required time after clock:    6.791 ns
Analysis completed Sat Jan  3 14:24:25 2009
--------------------------------------------------------------
Generating Report ...
Number of warnings: 0
Number of info messages: 2
Total time: 58 secs
```

然后将配置文件下载到 FPGA 中,操作如下:

[#] # nf2_download ~/NF2/ projects/traffic_mon/synth/ nf2_top_par.bit

接下来使用 ChipScope Analyzer 设置触发条件和观察信号波形,启动 ChipScope Analyzer 的用户界面如图 6.24 所示。

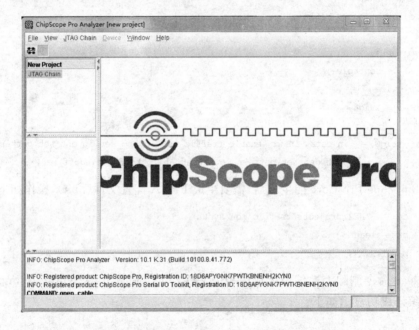

图 6.24 启动 ChipScope Analyzer 用户界面

在常用工具栏中初始化扫描链,Analyzer 能自动识别扫描链上的器件,如图 6.25 所示。

选择器件 XC2VP50 装载 ChipScope Pro 工程文件后,需要设置触发信号,如图 6.26 所示。

最后在波形观察窗口可以看到相应的信号。在 traffic_mon 中需要观测的信号有:all_pkt_cnt、all_byte_cnt、tag_pkt_flow、tag_byte_flow 和 clk_value。

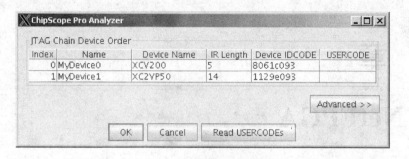

图 6.25 初始化扫描链界面

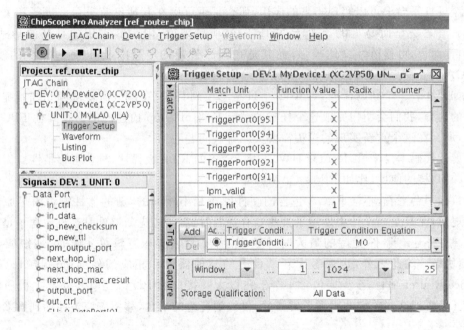

图 6.26 设置触发信号界面

完成硬件电路的调试后,需要编译相应的驱动和应用程序,在这一步还可以添加一些 regress 测试来验证系统的功能。

接下来就需要在 6.1 节搭建的简单网络中进行整个系统的调试,首先按照第 5 章视频流 demo 的步骤完成视频的访问;然后启动 BT 下载,在 traffic_mon 用户界面的 DST IP input 输入视频客户端主机的 IP 地址;启动 traffic_mon 后可以在流量统计界面看到目标流量的 Packet 和字节速率。

比较 NetFPGA2 和 NetFPGA3 上对应端口的流量统计结果,我们可以验证 traffic_mon 的功能。

第 7 章

皆可 NetFPGA

在第 5 章已经介绍了较多的 Project，这些项目都是基于 NetFPGA 平台的，也就是说，在这么一个硬件平台上可以实现丰富的应用，那么是否可以在其他已有平台上进行相关应用的开发呢？答案是显而易见的。对于 NetFPGA 项目来说，因为其采用的是开源形式，对于 HDL 语言而言，可移植性又比较强，尤其是在同一公司的产品中，所以通过较少的改动，把 NetFPGA 的一些工程移植到其他平台是完全可行的。

假如现在有一个新的任务：将 Router HW 移植到其他平台上，需要从哪儿开始呢？回顾第 3 章的内容，我们会明白完成这个任务的关键是将 nf2_top 描述的电路在其他 FPGA 上重新实现，那么在这个重新实现的过程需要关注哪些问题呢？

从设计代码本身来看，Router HW 采用了较多的 RTL 级描述，具备可移植性。需要留意的是一些 IP 核的使用，比如 FIFO、CAM、TEMAC 等。

从目标平台来看，不同 FPGA 包含的硬件资源是不相同的，新的器件能否满足原有设计的逻辑规模，尤其是当设计中使用了某些专有资源时，需要考虑新器件是否也包含了足够的专有资源。另外还有器件支持的最大时钟频率，需要考虑基本逻辑单元延时、最短线延时和 DCM 模块等。除此之外，也要考虑新平台上的其他器件和相应的外部通信接口。要移植 Reference Router 项目，至少要包含 4 个千兆以太网接口和 PHY，还有与外部主机通信的总线接口。只要把这些关键的因素考虑清楚，再找到合适的平台，移植应该是件手到擒来的事。

7.1 高性能的 NetFPGA

先来看看如何将 NetFPGA 项目移植到更高级的平台上。这里选择 Virtex5 作为目标器件，这款芯片是目前 Xilinx 最主流的高性能芯片之一，提供了丰富的资源。

7.1.1 目标平台

Xilinx 大学计划的高级开发板是一款基于 Virtex5 110T 芯片的通用开发平台，即 ML509 评估平台，这一平台和 Xilinx 的其他 Virtex5 平台采用一样的原理图和 PCB，因此它和 ML505、ML506、ML507 这些平台除了拥有资源更丰富的芯片外，没有其他任何的差别，其外观如图 7.1 所示。

图 7.1 ML509 评估平台外观图

这个开发平台包含了丰富的硬件资源,从图 7.1 中可以醒目地看到其主芯片是 V5 系列的 XC5VLX110T,这就是硬件移植的关键器件。该芯片包含了集成了 1 个 PCIe 端点模块、4 个 10/100/1 000 Mb/s 以太网 MAC 单元和 16 个低功耗 RocketIO GTP 收发器。

开发平台上支持的 FPGA 配置方式有 Xilinx 专用下载线、System ACE、Flash PROM 以及串行 Flash 与 SPI Flash,共 4 种类型,通过跳线来完成配置方式的选择。两块 XCF32P Flash PROM 芯片用于 FPGA 的配置,每片 Flash 分成两块独立的存储区域,通过不同的地址来访问。

我们熟悉的 JTAG 配置端口用于 FPGA 设计的实时编程和调试。开发平台上的 JTAG 链如图 7.2 所示。

从左到右依次是:链接主机的端口、Flash、CPLD、System ACE 及 FPGA,最右边的 J5 用于 JTAG 链的扩展。

通常使用一个 8 位的 DIP 跳线来设置 FPGA 配置模式及配置空间的地址,每一位的功能如表 7.1 所列。

第 7 章 皆可 NetFPGA

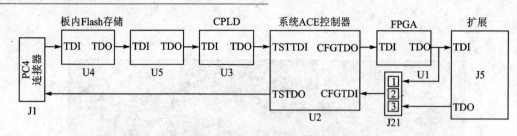

图 7.2 开发平台上的 JTAG 链

表 7.1 8 位 DIP 跳线功能描述

SW3	功能	SW3	功能
1	配置地址[2]	5	MODE[1]
2	配置地址[1]	6	MODE[0]
3	配置地址[0]	7	平台 Flash PROM
4	MODE[2]	8	System ACE 配置

FPGA 配置方式与 MODE 的对应关系如表 7.2 所列。

表 7.2 FPGA 配置方式与 MODE 的对应关系表

Mode[2:0]	模式	Mode[2:0]	模式
1	主串	5	主 SelectMAP
2	SPI	6	JTAG
3	BPI Up	7	从 SelectMAP
4	BPI Down	8	从串

开发平台上有一个 100 MHz 的晶振,另外还有一个可编程时钟发生器 IDT5V9885,可以产生用于 PHY 的 25 MHz 时钟频率、用于 Xilinx System ACE 的 33 MHz 及用于 FPGA 的时钟频率,这些时钟频率与 FPGA 芯片的链接如表 7.3 所列。

表 7.3 时钟频率与 FPGA 的链接关系表

器件号	时钟名	FPGA 引脚	备 注
X1	USER_CLK	AH15	100 MHz
U8	CLK_33MHZ_FPGA	AH17	33 MHz
U8	CLK_27MHZ_FPGA	AG18	27 MHz
U8	CLK_FPGA_P	L19	200 MHz 差分时钟频率,正
U8	CLK_FPGA_N	K19	200 MHz 差分时钟频率,负

下面来看看开发平台上用于系统调试的一些硬件资源。

① 检错信号灯。

整个 ML505 上共有 15 个高电平有效的 LED:其中 8 个绿色 LED 在板子上排成一行,是通用的信号灯;5 个绿色 LED 在用户按键的旁边;剩下 2 个红色的 LED 用于总线信号检错。所有的 LED 与 FPGA 的链接如表 7.4 所列。

表 7.4 LED 与 FPGA 的连接关系表

器件号	定 义	颜 色	FPGA 引脚	缓 存
DS20	LED—北	绿	AF13	主串
DS21	LED—东	绿	AG23	SPI
DS22	LED—南	绿	AG12	BPI Up
DS23	LED—西	绿	AF23	BPI Down
DS24	LED—中间	绿	E8	主 SelectMAP
DS17	GPIO LED0	绿	H18	JTAG
DS16	GPIO LED1	绿	L18	从 SelectMAP
DS15	GPIO LED2	绿	G15	从串
DS14	GPIO LED3	绿	AD26	
DS13	GPIO LED4	绿	G16	
DS12	GPIO LED5	绿	AD25	
DS11	GPIO LED6	绿	AD24	
DS10	GPIO LED7	绿	AE24	
DS6	Error1	红	F6	
DS6	Error2	红	T10	

② 按键。

5 个通用的高电平有效的用户按键与 FPGA 的链接如表 7.5 所列。

表 7.5 5 个通用的高电平有效的用户按键与 FPGA 的连接表

按键号	定 义	FPGA 引脚
SW10	GPIO N	U8
SW11	GPIO S	V8
SW12	GPIO E	AK7
SW13	GPIO W	AJ7
SW14	GPIO C	AJ6

第 7 章 皆可 NetFPGA

还有一个用于 FPGA 复位的低电平有效的按键,链接在 FPGA 芯片的 E9 引脚上。

③ 串行端口。

有时候在设计或调试的过程中,需要使用 RS-232 串行端口,这里是一个 DB9,传输速率可达 115 200 b/s,在 FPGA 和 RS-232 之间有一个电平转换芯片。需要注意的是 FPGA 只链接了 RS-232 的 TX 和 RX 数据引脚,其他的控制信号都没有使用。

开发平台上给 FPGA 提供的片外存储器为 ZBT SRAM,型号为 ISSI IS61NLP25636A。另外还提供了 Marvell 的 10/100/1 000 Mb/s 的 PHY-88E1111,支持 MII、GMII、RGMII 和 SGMII 接口,上电后通过软件来完成该芯片的配置。在实际的设计中选择不同的接口有 MDIO 命令和跳线两种方式,跳线的设置如表 7.6 所列。

表 7.6 跳线设置列表

模 式	跳线设置		
	J22	J23	J24
GMII/MII	引脚 1-2	引脚 1-2	No
SGMII	引脚 2-3	引脚 2-3	No
RGMII	引脚 1-2	No	On

开发平台上提供的高速串行接口有 PCIe 和 SATA。PCIe 用 V5 集成的 PCIe 专用硬核来实现,有兴趣的读者可以参考技术文档"Virtex5 FPGA Integrated Endpoint Block User Guider for PCI Express Designs",FPGA 上提供 PCIe 接口的引脚如表 7.7 所列。

表 7.7 FPGA 上提供的 PCIe 接口的引脚列表

引脚名	FPGA 引脚 U1	排线引脚 P21	备 注
PCIE_RX_N	AF1	B15	接收数据信号
PCIE_RX_P	AE1	B14	
PCIE_TX_N	AE2	A17	发送数据信号
PCIE_TX_P	AD2	A16	
PCIE_CLK_N	AF3	A14	差分时钟
PCIE_CLK_P	AF4	A13	
PCIE_PRSNT_B	F24	A1,B17	Present 信号
PCIE_PERST_B	—	A11	复位信号
PCIE_WAKE_B	—	B11	唤醒信号

SATA 链接 FPGA 芯片上的 GTP,使用的引脚如表 7.8 所列。

表 7.8　FPGA 上提供的 SATA 接口的引脚列表

引脚名	FPGA 引脚	插　座	ML505
SATA1_RX_P	W1	J40,引脚 6	GTP0 接收信号对
SATA1_RX_N	Y1	J40,引脚 5	
SATA1_TX_P	V2	J40,引脚 2	GTP0 发送信号对
SATA1_TX_N	W2	J40,引脚 3	
SATA2_RX_P	AB1	J41,引脚 6	GTP1 接收信号对
SATA2_RX_N	AA1	J41,引脚 5	
SATA2_TX_P	AC2	J41,引脚 2	GTP1 发送信号对
SATA2_TX_N	AB2	J41,引脚 3	

需要注意的是,这里的 SATA 只能用于端到端的链接。

若读者在大学计划网站找不到 ML509 平台的资料,可直接参考 ML505 平台的技术文档有"ug347:User Guide"、"ug349:Reference Design User Guide"、"ug348:Getting Started Tutorial"、"Schematics"及"PCIe x1 Endpoint Design"等。

作者并没有将开发板上所有硬件资源进行详细介绍,只是选择了系统移植时有可能用到的器件做了简单介绍,有兴趣的读者可以详细阅读相关技术文档。

7.1.2　硬件移植

要将 NetFPGA 的工程在 ML509 平台上重新实现,首要的任务就是完成 Router HW 从 XC2VP50 芯片到 XC5VLX110T 芯片的移植。

从芯片硬件资源来看,XC5VLX110T 的逻辑规模要比 XC2VP50 大很多,完全能容纳 Router HW 的设计;XC5VLX110T 采用了新一代的 CLB 架构和更快的互联,完全能满足设计性能的需求。需要考虑的是,XC5VLX110T 集成了 4 个专用的 10/100/1 000 Mb/s 以太网 MAC 硬核,每个硬核包含了 2 个共享主机接口的 EMAC,如图 7.3 所示。

在重新实现 Router HW 时要将原来的 TEMAC 软核用以太网 MAC 硬核来代替,从图 7.3 中可以看到,其外部接口与 TEMAC 的基本一致,同样也是通过 Core Generator 工具来完成 EMAC 硬核的配置,如图 7.4 所示。

但是正如本章开始时提到的,对于硬件移植首先就要考虑平台本身所需要的硬件资源。目前 ML509 平台上只有一个 RJ45 接口,如果想直接实现四端口的参考路由器设计明显是不行的,除非是利用其扩展接口,再接扩展板另外扩充 3 个 RJ45 接口。如果没有这个条件,也一样可以实现其他的 Project,比如 Packet Generator,内容过滤,同时也可以利用其板上提供的光口实现一些光纤网络的应用等,甚至可以利用其板上丰富的资源进行网络存储、网络视频加速等相关的开发与研究。

第 7 章　皆可 NetFPGA

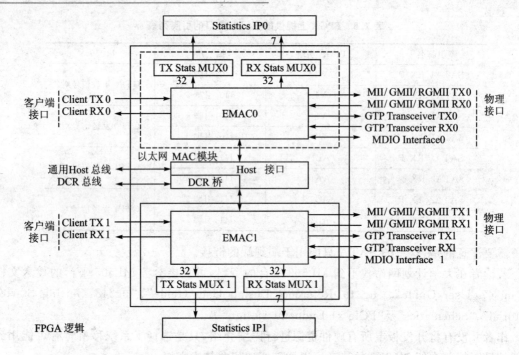

图 7.3　XC5VLX110T 芯片中 EMAC 示意图

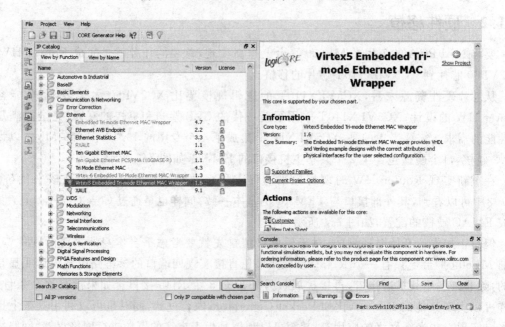

图 7.4　EMAC 硬核配置

与 NetFPGA 平台提供的 PCI 总线接口相比,ML509 平台提供了更快速的 PCIe 接口,同时核心器件 XC5VLX110T 包含了专用的端到端 PCIe 模块,与 EMAC 硬核的使用方法类似,通过 Core Generator 工具来完成配置,如图 7.5 所示。

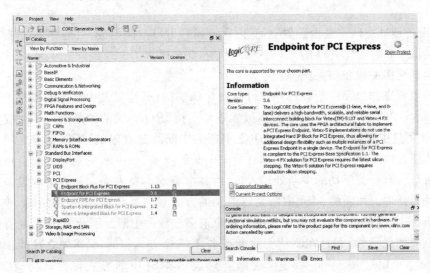

图 7.5 PCIe 模块配置界面

在 ML509 平台上,不仅提供了 SRAM 存储器,其平台上的 DDR2 SODIMM 存储器因为有了 MIG(Memory Interface Generator)这一工具,也更加容易开发,这样对于一些需要大量数据包缓存的网络应用就非常有用了。通过选定板上自带的 SODIMM 型号以及相应的参数配置就可以自动生成相应的内存控制器了,如图 7.6 所示。

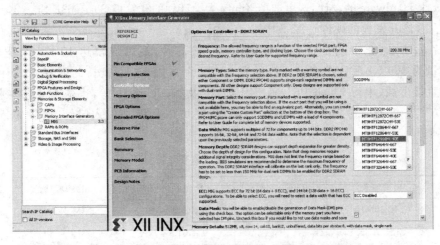

图 7.6 生成相应内存控制器界面

7.1.3　PCIe 驱动开发

PCIe 与 PCI 在驱动上结构完全一样，甚至 PCI 的驱动可以完全不用改动就用于驱动 PCIe 设备。

PCIe 设备地址空间也是由配置空间、内存空间和 I/O 空间组成，只是 PCIe 的配置空间大小为每种功能 4 KB，要比 PCI 的 256 字节大不少，完全继承了 PCI 的配置空间，其多余出来的空间可以实现更多的设备相关配置。

驱动的主要工作也是注册设备并进行设备存储空间读/写以及中断等的处理等。中断处理方面 PCIe 比 PCI 设备有了大的改进，虽然还是支持 IRQ 方式的中断，但 PCIe 提供一种更完善的 MSI 消息中断处理机制。老的 IRQ 中断的中断线是有限的，所以设备之间要通过共享中断线才能在同一个系统上插多个需要响应中断的设备，而中断发生时系统会依次调用共享。该中断号所有设备驱动的中断处理入口，由各个驱动本身来确定是否是本设备发出的中断申请并进行处理。而新的 MSI 中断是以消息的方式通知系统，不需要中断线，并且并不限于一种中断，一个设备可以以中断向量的方式申请多个独占中断。因此 MSI 中断有更好的响应性能和更大的灵活性；并且在驱动实现上基本与 IRQ 方式相同，只需要在注册中断处理函数前调用 pci_enable_msi(pdev)，如果返回 0 则表示 MSI 中断方式使能成功；在中断释放 free_irq 后也需要调用 pci_disable_msi(pdev)。

7.2　轻量级的 NetFPGA

前面介绍了如何在 ML509 开发板上移植 NetFPGA 项目，事实上也可以在入门级的开发板上做 Network Hardware 的设计，这里选择 Xilinx 大学计划的开发板 Spartan3E Start Kit 为例。

先来看看该开发板的硬件资源，如图 7.7 所示。

如图 7.7 所示，正中间是核心部件 XC3S500E 芯片，逻辑规模达 10 476 个逻辑单元，BRAM 容量为 360 Kb，DCM 单元的数目为 4，232 个可用 I/O。支持的配置方式有 JTAG/USB 接口直接下载、串行 Flash PROM、SPI Flash 及 NOR Flash 等，也是通过跳线来选择需要的配置方式。板上时钟源是 50 MHz 的晶振，还可以从板外引入时钟，时钟输入信号如表 7.9 所列。

表 7.9　时钟输入信号列表

时钟输入	FPGA 引脚	全局 Buffer	相关 DCM
CLK_50MHz	C9	GCLK10	DCM_X0Y1
CLK_AUX	B8	GCLK8	DCM_X0Y1
CLK_SMA	A10	GCLK7	DCM_X1Y1

第 7 章　皆可 NetFPGA

图 7.7　开发板的硬件资源

　　开发板上也有用于调试的按键；同时还有 RS-232 串行端口；另外就是 128 Mb 的并行 Flash、16 Mb 的 SPI Flash 及 64 MB 的 DDR SDRAM；当然还有我们关心的 10/100 Mb/s 的 PHY 和 RJ45 接口，通过在 FPGA 内部实现 EMAC 核可以完成相应的网络设计。有关这些硬件资源的细节读者可以参考 Xilinx 提供的技术文档。

　　在这个开发板上能做些什么呢？

　　我们可以将 Spartan3E Starter Board 当成是一个 Network Hardware 电路模块的功能验证平台，比如将 output_port_lookup 在 XC3S500E 芯片上实现，结合 ChipScope Pro 工具可以实时观察电路的实现结果及 module 接口信号的时序正确与否。前文提到的项目中的 module 都可以在这个平台上进行调试和验证。

　　不仅如此，还可以在 Spartan3E Starter Board 上搭建一个完整的系统，比如可以直接对 MAC 层的数据进行最底层的分析与加密，可以作为底层数据的发包器等；而 5.2 节的 Packet Generator 项目若移植到开发板上就实现了一个 100 Mb/s 的发包系统。

　　同样，在系统移植过程中需要留意 7.1.2 小节提到的问题。

第 7 章 皆可 NetFPGA

7.3 NetFPGA 资源共享

虽然前面或多或少涉及一些 NetFPGA 板卡资源和项目来源的信息，但是作者认为还是有必要将 NetFPGA 的资源做简单的梳理。

从实际的需求出发主要分为以下 3 个方面。

① NetFPGA 开发板硬件资源，这是我们利用平台进行开发的前提，比较重要的文档有两篇："NetFPGA：A Tool for Network Research and Education"介绍了开发平台的历史和版本，侧重点在硬件资源的介绍上；"NetFPGA - An Open Platform for Gigabit - rate Network Swithching and Routing"在介绍 NetFPGA2.1 平台的基础上，讨论了 Reference Router 的架构和关键 module。

② NetFPGA 的安装和开发流程可以在网站上访问到，另外还有一些技术文档："Methodology to Contribute NetFPGA Modules"讲述了在 Reference Router 基础上添加 module 的步骤和方法；"NetThreads：Programming NetFPGA with Threaded Software"搭建了一个基于 NetFPGA 的多处理器系统，讲述了在这个框架上进行多线程开发的方法。

③ 相应项目的资料，现有的项目列表在第 5 章中有介绍。一般来讲每个项目的主要资源包括文档和源代码两部分，比如 Packet Generator 项目，"A Packet Generator on the NetFPGA Platform"对 Packets Generaror 的软硬件都做了介绍，最后再阐述整个设计的性能，其源代码可以在网站上下载到。

所有的资源都可以在 NetFPGA 网站上访问到。

附 录
NFP2.0 的改进

本书中的大部分内容都是基于 NFP1.0 版本,目前 NetFPGA 官方网站上已经提供了 NFP2.0 的下载,因此作者在此将 NFP2.0 改进的地方进行简单介绍,详细的内容读者可以访问:http://netfpga.org/foswiki/bin/view/NetFPGA/OneGig/ReleaseNotes_2_1_0。

- 寄存器系统:工程名包含在顶层的 C 语言头文件中;在 project.xml 中指定设备 ID、版本及名字;在顶层 generated 文件的头部包含更多的信息;添加带 bitmasks 的寄存器。
- device_id module 中包含工程名、desc 及目录。
- 给 reference switch 添加了 regression 测试项。
- 在 C 通用函数库中添加了新的功能:读设备 ID 寄存器;验证是否下载正确的 bitfile。
- 驱动内核模块增加了 ethtool、mii-tool 及最新 Linux 内核(网络设备 API 方面)的支持,支持 Linux 内核版本 2.6.31。
- 硬件设计添加了 DRAM queue 模块:DRAM 读/写、DRAM queue 等,详细内容可以访问:http://www.netfpga.org/foswiki/bin/view/NetFPGA/OneGig/DRAMQueueTest。
- NFP 中的一些目录和命令:最顶层目录从 NF2 改为 netfpga,CPCI_2.1 文件夹改为 cpci;环境变量中的 NF2 改为 NF;下载命令由 nf2_download 改为 nf_download。
- CPCI 脚本库由原来的 CPCI_21Lib.pm 改为 CPCI_Lib.pm。
- 对 ISE10.1 工具的支持,仿真对 ISim 的支持。

参考文献

[1] 夏宇闻. 从算法设计到硬线逻辑的实现:复杂数字逻辑系统的 Verilog HDL 设计技术和方法[M]. 北京:高等教育出版社,2001.

[2] Andrew S. Tanenbaum. 计算机网络(影印版)[M]. 4 版. 北京:清华大学出版社,2004.

[3] Pong P. Chu. FPGA Prototyping by Verilog Examples[M]. Wiley-Interscience,2008.

[4] 侯俊杰. 深入浅出 MFC[M]. 2 版. 武汉:华中科技大学出版社,2000.

[5] Jonathan Corbet,Alessandro Rubini,Greg Kroah-Hartman. Linux 设备驱动程序[M]. 3 版. 魏永明,耿岳,钟书毅,译. 北京:中国电力出版社,2006.

[6] 李维. 面向对象开发实践之路——C♯版[M]. 北京:电子工业出版社,2005.

[7] 薛小刚,葛毅敏. Xilinx ISE 9.x FPGA/CPLD 设计指南[M]. 北京:人民邮电出版社,2007.

[8] 田耘,徐文波. Xilinx FPGA 开发实用教程[M]. 北京:清华大学出版社,2008.

[9] Xilinx. http://www.xilinx.com.